Sasan Sadrizadeh

Projeto de ventilação do bloco operatório de um hospital através de simulações numéricas

AF387041

Sasan Sadrizadeh

Projeto de ventilação do bloco operatório de um hospital através de simulações numéricas

ScienciaScripts

Imprint

Any brand names and product names mentioned in this book are subject to trademark, brand or patent protection and are trademarks or registered trademarks of their respective holders. The use of brand names, product names, common names, trade names, product descriptions etc. even without a particular marking in this work is in no way to be construed to mean that such names may be regarded as unrestricted in respect of trademark and brand protection legislation and could thus be used by anyone.

Cover image: www.ingimage.com

This book is a translation from the original published under ISBN 978-3-659-56058-3.

Publisher:
Sciencia Scripts
is a trademark of
Dodo Books Indian Ocean Ltd. and OmniScriptum S.R.L publishing group

120 High Road, East Finchley, London, N2 9ED, United Kingdom
Str. Armeneasca 28/1, office 1, Chisinau MD-2012, Republic of Moldova, Europe
Printed at: see last page
ISBN: 978-620-3-56539-3

ÍNDICE

Não almeje o sucesso se o quiser; faça apenas aquilo de que gosta e em que acredita, e ele virá naturalmente.

David Frost

RESUMO

A história da cirurgia é quase tão antiga como a raça humana. O controlo da infeção das feridas sempre foi uma parte essencial de qualquer procedimento cirúrgico e continua a ser um desafio importante nas salas de operações dos hospitais. Para os doentes submetidos a cirurgia, existe sempre o risco de desenvolverem algum tipo de complicação pós-operatória.

É amplamente aceite que as bactérias transportadas pelo ar que chegam a um local de cirurgia são principalmente estafilococos libertados da flora cutânea do pessoal cirúrgico na sala de operações e que mesmo uma pequena fração dessas partículas pode iniciar uma infeção grave no local de cirurgia. As infecções das feridas não só representam um enorme encargo para os recursos dos cuidados de saúde, como também representam uma grande ameaça para o doente. As infecções hospitalares estão entre as principais causas de morte na população de doentes cirúrgicos. Um conhecimento e uma compreensão alargados das fontes e dos mecanismos de transporte de partículas infecciosas podem proporcionar possibilidades valiosas para controlar e minimizar as infecções pós-operatórias.

Esta tese contribui para encontrar soluções, através da análise de tais mecanismos para uma série de concepções de ventilação, juntamente com a investigação de outros factores que podem influenciar a propagação de infecções nos hospitais, em particular nos blocos operatórios.

O objetivo deste trabalho é aplicar as técnicas de dinâmica de fluidos computacional para compreender melhor as estratégias de distribuição de ar que podem contribuir para o controlo de infecções em ambientes de blocos operatórios e enfermarias de hospitais, de modo a reduzir os níveis de partículas portadoras de bactérias no ar e melhorar o conforto térmico e a qualidade do ar.

Foi estudada uma gama de princípios de ventilação por fluxo de ar, incluindo estratégias totalmente mistas, laminares e híbridas. Foram efectuadas simulações de fluxo de ar, de partículas e de gás marcador para examinar a remoção de contaminantes e a eficácia da renovação do ar. Foram examinados outros parâmetros que influenciam o desempenho dos sistemas de ventilação por fluxo de ar em blocos operatórios e foram identificadas medidas relevantes para melhoria.

Verificou-se que os padrões de fluxo de ar em ambientes de blocos operatórios variavam entre fluxos laminares, transitórios e turbulentos. Independentemente do sistema de ventilação utilizado, pode existir uma combinação de todos os regimes de fluxo de ar em condições transitórias na área do bloco operatório. Isto mostrou que a aplicação de um modelo geral para mapear o campo de fluxo de ar e a distribuição de contaminantes pode resultar em erros substanciais e deve ser evitada.

Também foi demonstrado que a quantidade de bactérias geradas numa sala de operações pode ser minimizada através da redução do número de pessoal presente. As cirurgias propensas a infecções devem ser realizadas com o menor número possível de pessoal. A força inicial da fonte (quantidade de unidades formadoras de colónias que uma pessoa emite por unidade de tempo) dos membros do pessoal também pode ser substancialmente reduzida, utilizando sistemas de vestuário com elevada capacidade de proteção.

Os resultados indicam que o fluxo de ar laminar horizontal pode ser uma boa alternativa ao sistema vertical frequentemente utilizado. O sistema de fluxo de ar horizontal é menos sensível a plumas térmicas, é fácil de instalar e manter, é relativamente económico e não exige a modificação dos sistemas de iluminação existentes. Acima de tudo, a ventilação por fluxo de ar laminar horizontal não prejudica os cirurgiões que precisam de se curvar sobre o local da cirurgia para obter uma boa visão do campo operatório.

A adição de um filtro de fluxo de ar laminar exponencial ultra-limpo móvel foi também investigada como complemento do sistema de ventilação principal no bloco operatório. Concluiu-se que este sistema poderia reduzir a contagem de partículas transportadas pelo ar com microrganismos se o pessoal cirúrgico mantivesse práticas de trabalho adequadas.

Uma colaboração estreita e uma compreensão mútua entre os especialistas em ventilação e o pessoal cirúrgico seria um fator-chave na redução das taxas de infeção. Para além disso, seria também importante uma avaliação eficaz e frequente dos níveis de bactérias nos sistemas de ventilação novos e existentes.

PALAVRAS-CHAVE

Dinâmica de Fluidos Computacional (CFD), Sistema de Ventilação, Bloco Operatório Hospitalar, Partículas Portadoras de Bactérias, Infeção do Local Cirúrgico, Unidade Formadora de Colónias, Controlo de Partículas Transportadas pelo Ar, Qualidade do Ar, Conforto Térmico, Métodos Activos-Passivos de Amostragem do Ar

NOMENCLATURA

Abreviaturas

LAF	(ultra-clean) Laminar Air Flow
ACH	Air Changes per Hour
BCP	Bacteria Carrying Particle
CFU	Colony Forming Units
CFD	Computational Fluid Dynamics
DNS	Direct Numerical Simulation
DRW	Discrete Random Walk
GCI	Grid Convergence Index
IT	Instrument Table
LPT	Lagrangian Particle Tracking
LES	Large Eddy Simulation
MS	Mayo Stands (Table)
OR	Operating Room
OT	Operating Table
PPD	Percentage Dissatisfied
PMV	Predicted Mean Vote
RNG	Re-Normalization Group
RSM	Reynolds Stress Model
RANS	Reynolds-averaged Navier-Stokes
SD	Standard Deviation
STK	Stokes Number
SSI	Surgical Site Infection
UDF	User Defined Functions

Símbolos latinos

c	volumetric concentration of bacteria-carrying particle
C_d	drag coefficient of sphere-shaped particles
d_c	characteristic dimension of the obstacle
d_p	particle diameter
f_{cl}	clothing surface area factor in Fanger's model
F_D	inverse of relaxation time
F_s	factor of safety in GCI equation
F_x	additional force terms per unit mass, i.e. Brownian force
g	gravitational acceleration
h_{conv}	convective heat transfer coefficient in Fanger's model
M	metabolic rate in Fanger's model
n_d	number of data points in GCI equation
n_p	number of personnel
p	formal accuracy order of the algorithm in GCI equation
p_w	water vapour partial pressure, in Fanger's model
Q	airflow rate
q_s	source strength for a person
r	refinement factor between the coarse and fine grid in GCI equation
Re	Reynolds number

S_φ source term in Navier-Stokes equation

t time

T_a air temperature in Fanger's model

T_{cl} clothing surface temperature in Fanger's model

T_r mean radiant temperature in Fanger's model

u fluid velocity

u_p particle velocity

U_∞ free-stream velocity

$\vec{V}$ velocity vector in Navier-Stokes equation

W effective mechanical power in Fanger's model

y^+ dimensionless distance from the wall

Greek Symbols

φ each of three velocity components (u, v, w) and mean temperature (T)

ε_{rms} relative error in GCI equation

μ molecular (dynamic) viscosity

ξ_1, ξ_2, ξ_3 constants in particle drag equation

ρ fluid density

ρ_p particle density

Γ_φ effective diffusion coefficient in Navier-Stokes equation

INTRODUÇÃO

Antecedentes

A história da cirurgia é quase tão antiga como a raça humana. O controlo da infeção da ferida sempre foi uma parte essencial de qualquer procedimento cirúrgico, juntamente com o controlo da dor e da hemorragia. Desde a antiguidade até ao presente, as pessoas têm tentado melhorar as técnicas cirúrgicas, mas a infeção da ferida continua a ser um desafio importante nas salas de operações dos hospitais. Os doentes submetidos a cirurgia estão sempre em risco de desenvolver complicações pós-operatórias devido a uma infeção no local da ferida.

As infecções do local da cirurgia (ISC) referem-se normalmente a infecções localizadas no local da incisão após actividades cirúrgicas. Estas infecções podem ser superficiais, envolvendo apenas a pele, ou podem ser mais graves e envolver tecidos, órgãos e material implantado. A ISC é muito dependente do caso dos doentes submetidos a cirurgia. Alguns doentes podem estar em maior risco de desenvolver ISC pós-operatórias devido a factores como a idade, as condições médicas subjacentes, a invasividade da cirurgia e a duração do procedimento.

As ISC podem contribuir para taxas mais elevadas de morbilidade e mortalidade dos doentes, perda de produtividade, aumento do tempo de hospitalização e insatisfação dos doentes. Estas infecções podem também representar um encargo económico substancial tanto para o prestador de cuidados de saúde como para o doente.

É amplamente aceite entre os especialistas na área das infecções que o Staphylococcus aureus é o agente patogénico bacteriano mais frequentemente encontrado no BO [1,2] e é uma das causas importantes de infecções da pele e dos tecidos moles [3]. Recentemente, o aumento da taxa de resistência aos medicamentos antimicrobianos tem sido motivo de grande preocupação, uma vez que muitos tipos de bactérias estafilocócicas que podem iniciar uma ISC se tornaram resistentes a muitos antibióticos. O perigo representado pela crescente resistência aos antibióticos foi descrito como uma ameaça global, uma "bomba-relógio" que deveria ser classificada a par do terrorismo na lista de ameaças à raça humana [4].

Em 2006, foi referido que as ISC ocorrem em 7% dos procedimentos cirúrgicos e constituem o terceiro grupo de infecções hospitalares mais frequentemente notificado na Suécia [5,6]. Um relatório recente do Conselho Nacional de Saúde e Bem-Estar da Suécia estimou que os doentes com infeção hospitalar ocupam 10% de todas as camas nos serviços de cuidados somáticos. Além disso, cerca de 1500 doentes morrem todos os anos na Suécia devido a este tipo de infecções.

Motivação para a investigação

A flora cutânea normal dos membros da equipa cirúrgica ou dos doentes causa mais de metade de todas as infecções em ambientes de BO. Os agentes patogénicos provenientes da flora da pele humana podem dispersar-se no ar do BO e depositar-se posteriormente nas superfícies. Podem também propagar-se por contacto direto entre o portador e a ferida. Whyte et al. [7] referiram que, numa substituição total da anca, o número de bactérias transportadas pelo ar que se depositavam diretamente na ferida era de apenas 30% do total de bactérias e as restantes provinham de vias indirectas transportadas pelo ar.

O controlo geral dos contaminantes para minimizar o risco de ISC pós-operatórias é geralmente conseguido através da utilização de um sistema de ventilação eficiente para diluir e evacuar os contaminantes do BO [8-11], através do aumento da eficácia de proteção do pessoal [12,13], bem como através da redução do número de pessoal e do nível da sua atividade no BO [14].

Têm sido utilizados vários princípios de ventilação nos BO, incluindo a ventilação totalmente mista, o fluxo de ar laminar (LAF), a ventilação por deslocamento, a ventilação híbrida e a ventilação local. Os padrões de fluxo de ar reais resultantes nos BO e nas instalações de cuidados de saúde continuam a ser objeto de debate entre os profissionais. Investigações clínicas precisas demonstram que os campos de fluxo de ar medidos nessas áreas variam entre fluxos laminares, de transição e turbulentos ou uma combinação de todos eles em condições transitórias [8,15].

A avaliação do caudal de ar em investigações experimentais e em cálculos analíticos baseia-se geralmente em muitos pressupostos. Por conseguinte, é necessário um conhecimento mais pormenorizado da física do caudal e uma descrição exaustiva dos padrões reais do caudal de ar e da distribuição dos contaminantes nos hospitais e nas instalações de cuidados de saúde.

Objectivos e questões de investigação

O principal objetivo deste trabalho foi investigar o impacto dos sistemas de fluxo de ar de ventilação na transmissão de partículas nas salas de operações hospitalares. As principais caraterísticas de diferentes princípios de ventilação foram comparadas com base em simulações numéricas utilizando técnicas de dinâmica de fluidos computacional (CFD). Foi considerada uma série de factores que podem influenciar a concentração de partículas portadoras de bactérias (BCP) e, consequentemente, aumentar a taxa de infeção. Foram então efectuados ensaios para examinar de que forma as alterações na conceção de um sistema de ventilação podem melhorar o conforto térmico, reduzir os contaminantes e proporcionar uma melhor qualidade do ar. Finalmente, para apoiar arquitectos e engenheiros de projeto e para melhorar a eficiência da ventilação, este trabalho investigou ainda a influência de uma série de outros parâmetros na conceção de sistemas de ventilação.

Para atingir os objectivos acima referidos, foram formuladas as seguintes questões de investigação, que foram abordadas de forma exaustiva no trabalho de tese para os casos estudados.

1. Qual é a estratégia de ventilação ideal em relação ao padrão do fluxo de ar para obter a menor concentração possível de BCP e, consequentemente, uma taxa reduzida de infecções do local da cirurgia?

2. Como é que o número e a atividade do pessoal cirúrgico afectam a quantidade de partículas transportadas pelo ar dentro da área crítica de interesse para a cirurgia?

3. Quais são as abordagens numéricas adequadas para a análise CFD, tais como modelos de turbulência e métodos de rastreio de partículas, na avaliação da eficácia da ventilação em blocos operatórios e enfermarias hospitalares?

Limitações

O presente trabalho foi efectuado apenas por meio de investigações numéricas. Não foram efectuadas medições diretas, uma vez que a sala de operações examinada não estava disponível na altura do estudo. Por conseguinte, a validação do modelo foi efectuada através de comparações com dados experimentais da literatura. Por conseguinte, a falta de medições experimentais diretas num ambiente de sala de operações semelhante é a principal limitação do estudo.

As simulações CFD também tinham algumas limitações para a utilização de códigos comerciais de volumes finitos, como o pacote ANSYS. Este facto limitou, em certa medida, a gama de opções de modelização para a seleção e teste de diferentes modelos de turbulência e esquemas numéricos emergentes. Todas as simulações neste estudo foram efectuadas utilizando modelos de turbulência no contexto dos métodos de Reynolds- averaged Navier-Stokes (RANS), que, como é geralmente reconhecido, possuem pressupostos empíricos inerentes e, portanto, limitações relacionadas.

REVISÃO DA LITERATURA

Origem e distribuição de tamanho das bactérias

Nas últimas décadas, a importância das bactérias transportadas pelo ar nos blocos operatórios tem sido objeto de interesse e controvérsia. O número de bactérias viáveis transportadas pelo ar está altamente correlacionado com o risco de infeção para o doente cirúrgico. Quase 80-90% da contaminação bacteriana detectada numa ferida operatória provém do ar circundante [16,17].

Em 1980, Hambraeus et al. [18] demonstraram que as bactérias aeróbias e anaeróbias da pele se dispersam no ar e sobrevivem o tempo suficiente para criar uma via aérea de infeção de feridas.

A transferência de bactérias da pele do doente também pode ser provável devido ao procedimento cirúrgico, embora esta seja uma questão que continua a ser debatida. Os mecanismos de transporte das PBC são muito mais importantes em cirurgias propensas a infecções, como a substituição ortopédica, porque as espécies bacterianas que causam a SSI pertencem à flora normal da pele. Lidwell [19] demonstrou que, durante um período de operação de cerca de 1 hora, o número total de BCP que caem numa ferida é de cerca de $270/cm^2$, com uma velocidade de sedimentação das partículas de cerca de 0,3 m/min [20]. No entanto, o risco de infeção depende de muitos factores, incluindo a espécie e a virulência das bactérias, a integridade das defesas do hospedeiro do doente e a viabilidade das bactérias instaladas no momento do encerramento da ferida.

A distribuição de bactérias, especialmente de S. aureus, em diferentes locais da superfície do corpo humano foi amplamente abordada em estudos de investigação anteriores [2,7,21-30]. No entanto, o tamanho e a quantidade total de bactérias libertadas por cada indivíduo continuam a ser controversos. Durante uma atividade física moderada, uma pessoa liberta cerca de 10 milhões de partículas por dia. A taxa de libertação pode aumentar para 10^4 partículas por minuto durante as actividades de caminhada, mas apenas uma pequena fração destas partículas (5-10%) transporta bactérias [2,31]. Vários estudos referiram que as partículas que variam entre 2,5µm e 20µm podem atuar como veículos que transportam bactérias viáveis e devem ser consideradas como partículas infecciosas [32,33]. Outros estudos implicaram diferentes distribuições de tamanho de partículas, tais como 5-10µm [11,25,31,34] e 5-60µm [35-37].

Na realidade, a taxa de libertação de fragmentos por parte das pessoas seria influenciada por vários factores e variaria muito de hora a hora e de pessoa para pessoa, e o fenómeno ainda não é totalmente compreendido. Alguns indivíduos, conhecidos como dispersores, libertam muito mais bactérias e a sua presença no BO pode aumentar a prevalência de infeção da ferida e de ISC [38,39]. Os homens libertam mais bactérias e com uma contagem mais elevada de S. aureus do que as mulheres, e as mulheres libertam mais frequentemente na fase pós-menopausa da vida [2,40-42]. Além disso, é mais provável que uma pessoa jovem liberte menores quantidades de bactérias do que uma pessoa mais velha.

Um grande número de estudos referiu que a maioria das PBC é emitida principalmente pela parte inferior do corpo, especialmente o períneo e o interior das coxas [36,43-47]. Qualquer pessoa com uma doença de pele ou uma lesão séptica pode, naturalmente, libertar consideravelmente mais partículas contendo agentes patogénicos do que um indivíduo saudável. A minimização da concentração bacteriana no BO requer a cooperação de todo o pessoal, que deve promover ativamente os princípios básicos da antissepsia de forma regular. Por conseguinte, recomenda-se vivamente que os profissionais de saúde com qualquer tipo de descamação cutânea invulgar, como a indicada por comichão, descamação da pele, dermatite, caspa e tosse crónica, sejam excluídos do BO até que os seus problemas de saúde sejam resolvidos.

A taxa de libertação não varia apenas em função do indivíduo, mas também em função do tempo. Uma pessoa liberta partículas a taxas diárias e anuais diferentes. No verão, verificou-se que a taxa de libertação é mais elevada, enquanto no inverno a taxa de libertação diminui acentuadamente [43]. Verificou-se que os níveis mensais de bactérias transportadas pelo ar variam substancialmente, mas não foi registada qualquer tendência regular [48,49].

Por conseguinte, recomenda-se a monitorização regular dos níveis de bactérias presentes no ar, a fim de reduzir o risco de ISC.

Os níveis de espécies bacteriológicas também pareceram ser consideravelmente diferentes entre os BO, mesmo com taxas de ocupação e sistemas de ar condicionado semelhantes [49]. Isto pode ter sido devido aos diversos tipos de cirurgias efectuadas nos BO [33]. Por exemplo, a contagem bacteriana nas salas de operações onde se realizava apenas cirurgia de traumatologia estava sempre a um nível de contaminação mais baixo em comparação com as salas de operações onde se realizavam operações a feridas sujas e infectadas. Assim, é irrelevante aplicar os resultados obtidos num tipo de cirurgia a outros tipos de cirurgias.

Abertura da porta e movimento do pessoal

O movimento do ar numa sala de operações pode ser muito complexo, uma vez que depende de muitos factores, incluindo a abertura da porta, o movimento do pessoal, a geometria da sala e as fontes térmicas. Um fluxo transitório ocorre quando um estado inicialmente estável é perturbado e a turbulência se desenvolve devido a uma alteração nas condições de fronteira. Um bom exemplo deste fenómeno ocorre quando uma porta de ligação entre duas salas é aberta. A frequência de abertura das portas e a passagem de pessoas através das portas foram alguns dos factores mais importantes que contribuíram para o aumento das contagens bacterianas [50-59].

A fuga de ar através da abertura de uma porta é um problema muito complicado de estudar, uma vez que varia consoante o tamanho da porta e as diferenças de temperatura e pressão ao longo da abertura [60,61]. A abertura e o fecho de uma porta têm um grande impacto na distribuição interna da pressão e da velocidade. Foi demonstrado que a passagem de contaminantes é altamente afetada pela quantidade de diferença de pressão ao longo do período de abertura da porta [56,62]. A velocidade de abertura da porta e a passagem humana, tanto para velocidades constantes como variáveis, têm apenas um efeito menor na fuga de ar, com os fluxos médios em ambas as direcções a comportarem-se de forma semelhante [58].

Alguns dos estudos anteriores não registaram qualquer diferença significativa nas contagens de bactérias presentes no ar do BO entre portas fechadas e portas de batente [57,63], enquanto outros encontraram uma correlação entre as aberturas das portas do BO e contagens elevadas de bactérias presentes no ar [52,55]. O padrão de fluxo de tráfego referido em estudos anteriores [59,64,65] realça a importância da mudança a nível administrativo, incluindo a logística, a melhoria dos conhecimentos e o planeamento pré-operatório. Isto daria ao pessoal do BO ferramentas essenciais para reduzir as aberturas de portas durante a cirurgia.

Há também outras perturbações transitórias do fluxo originadas por objectos em movimento e por actividades humanas, que podem afetar a infeção transmitida pelo ar. O movimento do pessoal pode introduzir mais complexidade no fluxo de fluidos e no transporte de contaminantes, uma vez que depende de indivíduos e, por conseguinte, de um comportamento aleatório. A turbulência e os remoinhos locais criados pelo movimento do pessoal, principalmente à entrada e à saída do BO, têm um impacto direto na eficiência do sistema de ventilação, no padrão do fluxo de ar e, por conseguinte, na distribuição das partículas.

Estes movimentos produzem um efeito semelhante, mas mais complexo, ao da abertura de uma porta, e a sua avaliação clínica tem-se revelado difícil. Devido às complexidades acima referidas, a trajetória e o tempo de suspensão do PCB tornam-se muito mais variáveis e difíceis de determinar.

Sistemas de ventilação

A taxa de infeção pós-operatória depende geralmente de vários factores, incluindo o nível de bactérias transportadas pelo ar e a qualidade do ar no BO. É amplamente aceite que a cirurgia limpa com um risco moderado a elevado de infeção deve ser realizada numa atmosfera ultra-limpa. A definição internacional aceite de ultra-limpo é a de um ar que contém menos de 10 unidades formadoras de colónias (UFC) por metro cúbico (m^3) de ar e a correspondente contaminação da superfície, num BO com LAF vertical, de 350 UFC por metro quadrado (m^2) numa hora [66]. O sistema de ventilação adequado é o principal meio de alcançar um ambiente seguro e saudável no interior do BO, de modo a preservar a qualidade do ar, diluir e remover as bactérias, os odores e os gases anestésicos transportados pelo ar dos locais de cirurgia. O sistema de ventilação do BO deve também proporcionar condições de trabalho confortáveis e um nível adequado de conforto térmico para o pessoal, a fim de facilitar o seu trabalho exigente.

Existem diferenças importantes relativamente à capacidade dos vários sistemas de fluxo de ar para evitar a emissão de bactérias para a área cirúrgica dos campos do BO. Um dos factores mais importantes relativamente ao sistema de ventilação é a troca de ar por hora (ACH), que é expressa como o fluxo de ar volumétrico através da sala dividido pelo volume da sala. Mesmo com a mesma ACH, diferentes sistemas de ventilação revelam grandes diferenças em termos de eficiência de remoção de partículas [9,67]. Alguns estudos concluíram que taxas de ACH mais elevadas conduzem a concentrações mais baixas de contaminação do ar [8]. Outros referiram que os aumentos da ACH até um determinado nível podem aumentar os remoinhos e os vórtices promovendo assim a recirculação de BCP nos BO [11].

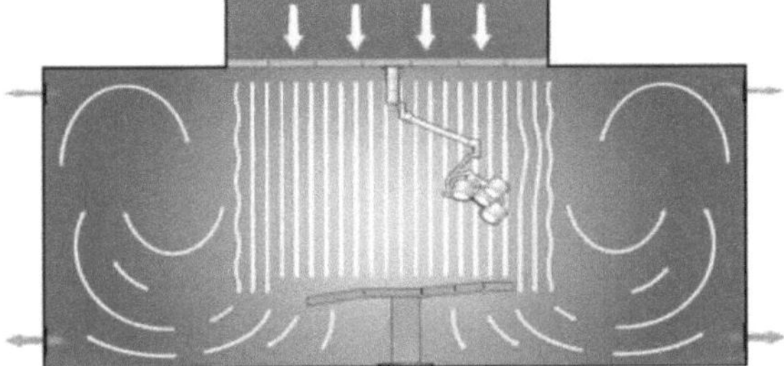

Figura 1: Ventilação LAF vertical (para baixo)

Os sistemas de ventilação mais comuns utilizados atualmente nos blocos operatórios são o fluxo de ar laminar descendente (LAF) [8,34,68], a mistura [14,69], a deslocação [70], as tecnologias híbridas [9,71] e a ventilação local e móvel [72-74]. Estes sistemas de ventilação diferem principalmente nos métodos utilizados para fornecer e evacuar o ar.

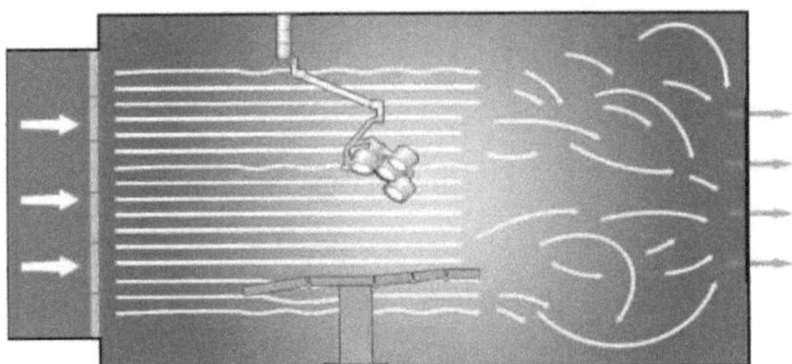

Figura 2: Ventilação LAF horizontal (fluxo cruzado)

Tipicamente, existem dois tipos de sistemas LAF, horizontais e verticais, e a seleção entre eles é altamente dependente do caso e ainda controversa. Liu et al. [75] e Sadrizadeh et al. [8,13] examinaram o desempenho da ventilação unidirecional horizontal do fluxo de ar e concluíram que este sistema pode constituir uma alternativa importante à ventilação convencional do BO.

Concluíram que as lâmpadas médicas e a pluma térmica induzida pela diferença de temperatura entre as pessoas/equipamento e o ambiente não tinham um impacto claro no padrão do fluxo de ar da área cirúrgica. Num outro estudo, Memarzadeh e Manning [11] examinaram um LAF vertical num estudo de simulação numérica e concluíram que este sistema representava a melhor opção para um BO em termos de controlo da contaminação.

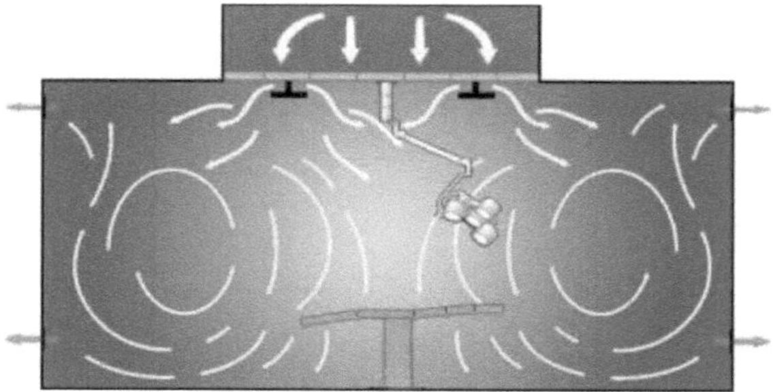

Figura 3: Ventilação de mistura

Os sistemas de ventilação mista baseiam-se na diluição das bactérias transportadas pelo ar que flutuam no ar. O ar limpo e condicionado é introduzido na sala de operações através de difusores em espiral ou em linha a alta velocidade. Como o ar em todo o espaço é totalmente misturado, as variações de temperatura são pequenas e a concentração de contaminantes é uniforme.

A ventilação de deslocamento de ar para cima é outra estratégia de distribuição de ar da sala e baseia-se em plumas de flutuação natural. Neste caso, o ar refrigerado limpo fornecido perto do chão a baixa velocidade cai em direção ao chão devido à gravitação e espalha-se pela sala até encontrar fontes de calor no BO. O ar refrigerado sobe então lentamente em direção ao teto à medida que absorve o calor dos ocupantes e do equipamento, sendo depois extraído para fora da zona ocupada, normalmente à altura do teto.

Memarzadeh e Manning concluíram que o sistema de ventilação por deslocação ascendente era mais eficiente na remoção de partículas do que os sistemas de mistura [11]. Por outro lado, foi demonstrado por Friberg et al. [76] que esta estratégia de distribuição do ar resultou em concentrações bacterianas superficiais e volumétricas mais elevadas na zona cirúrgica.

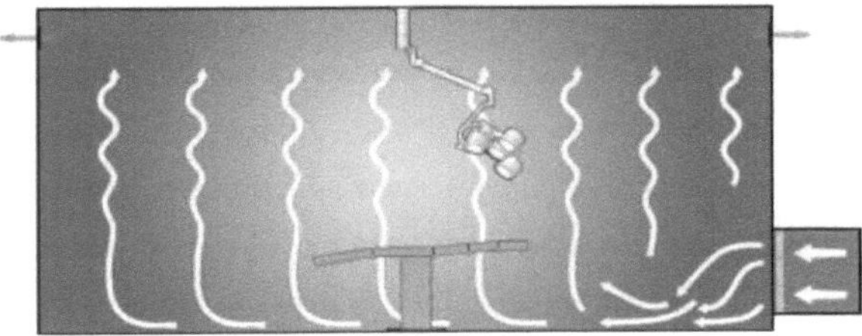

Figura 4: Ventilação de deslocamento

A tecnologia de ventilação híbrida é um desenvolvimento moderno que é utilizado para integrar diferentes caraterísticas dos componentes de ventilação de mistura e LAF, de modo a oferecer uma solução de ventilação altamente eficiente.

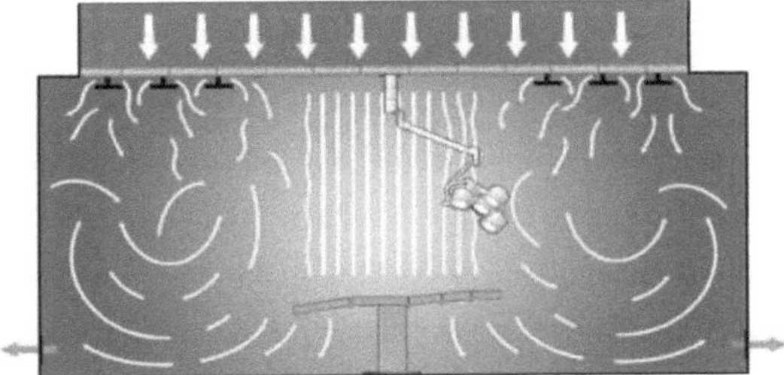

Figura 5: Ventilação híbrida

Este sistema mantém o clima interior saudável e o conforto tanto para o paciente como para o pessoal. Nesta tecnologia, a área cirúrgica no centro do BO é fornecida pelo LAF, enquanto a periferia do BO é ventilada por princípios de mistura. Os BCP que saem do centro do BO com uma estrutura de fluxo de ar unidirecional são ainda mais diluídos com um campo de fluxo de ar totalmente misto na periferia do BO e evacuados pelas aberturas de exaustão. A utilidade deste sistema de ventilação reside no facto de poder proporcionar as vantagens dos sistemas de ventilação de fluxo de ar laminar e totalmente misto.

Os requisitos de ventilação são normalmente definidos de acordo com o tipo de cirurgia e as normas de qualidade do ar interior nos blocos operatórios. É consensual entre os profissionais que devem ser utilizados sistemas de ventilação alternativos nos BO, uma vez que as diferentes cirurgias exigem diversidade em termos de número e tipo de equipamento, luzes e pessoal. Além disso, o fornecimento de sistemas de distribuição de ar alternativos oferece várias possibilidades de proteção dos membros do pessoal e do doente contra microrganismos patogénicos.

Conforto térmico

As instalações hospitalares e de cuidados de saúde têm de proporcionar uma variedade de ambientes interiores devido às diversas necessidades de conforto e saúde dos seus ocupantes. A qualidade do ar interior e o conforto térmico no ambiente de trabalho hospitalar afectam tanto a saúde dos doentes como o bem-estar dos membros da equipa de cuidados de saúde [77-80]. As condições térmicas inadequadas são muito mais críticas num ambiente de BO e podem reduzir a eficiência do trabalho e aumentar a possibilidade de erros cirúrgicos [81]. Há seis factores principais que afectam diretamente o conforto térmico, que podem ser divididos em duas categorias de factores pessoais e ambientais.

O conforto térmico é definido como o estado de espírito que expressa a satisfação com o ambiente térmico [82]. É também definido como o estado em que não há tendência para corrigir as condições térmicas de um ambiente através do comportamento dos ocupantes [83]. O corpo humano, apesar das alterações ambientais, precisa de preservar uma temperatura interna constante. Para atingir este objetivo, a taxa de produção de calor do corpo deve ser igual à taxa de perda de calor do mesmo. O sistema termorregulador do corpo humano tenta criar um equilíbrio térmico numa vasta gama de variáveis ambientais [84].

A avaliação do conforto térmico num ambiente fechado é normalmente determinada através dos índices Predicted Mean Vote (PMV) e Predicted Percentage Dissatisfied (PPD) [84]. O modelo foi desenvolvido por Fanger [85] utilizando equações de equilíbrio térmico e estudos empíricos para definir o conforto. Este modelo está entre os modelos mais bem estabelecidos que são utilizados para aplicação prática e aceites para a conceção e avaliação no terreno das condições de conforto. Existem muitos estudos que examinam o conforto térmico em ambientes hospitalares [77,79,81,86]. Embora este modelo, conhecido como teoria clássica do conforto, se tenha tornado o método padrão de previsão do conforto térmico para os ocupantes, alguns estudos laboratoriais e de campo anteriores provaram que este modelo pode nem sempre ser um bom indicador da sensação térmica real [87,88]. As discrepâncias entre as sensações térmicas reais e previstas revelam as complicações da medição precisa de factores pessoais. Na maioria dos contextos práticos, as más estimativas do nível de atividade e do isolamento do vestuário são susceptíveis de reduzir a precisão das previsões da PMV.

A escala de sete pontos da sensação térmica limita o índice PMV a uma dimensão descritiva, o que implicaria nenhuma satisfação ou insatisfação pronunciada. Uma pontuação PMV de zero indica uma sensação térmica neutra em todo o corpo, mas isto não diz nada sobre se os ocupantes estão realmente a ser agradados [89].

Foi referido que o modelo de Fanger é bem capaz de estimar o valor PPD para enfermeiros e anestesistas em regiões mais frias. O valor, contudo, é subestimado por este modelo perto da região de conforto [81]. A previsão de conforto tornou-se ainda menos exacta para os cirurgiões, uma vez que o valor PPD foi sobrestimado para eles em regiões frias e subestimado em regiões quentes.

METODOLOGIA

Modelo computacional

Estudo de caso

A configuração geométrica da sala de operações utilizada neste estudo foi concebida pela Skanska IT Nordic (empresa de construção sueca). A figura 6 mostra a geometria geral da BO e um exemplo da sua configuração interna.

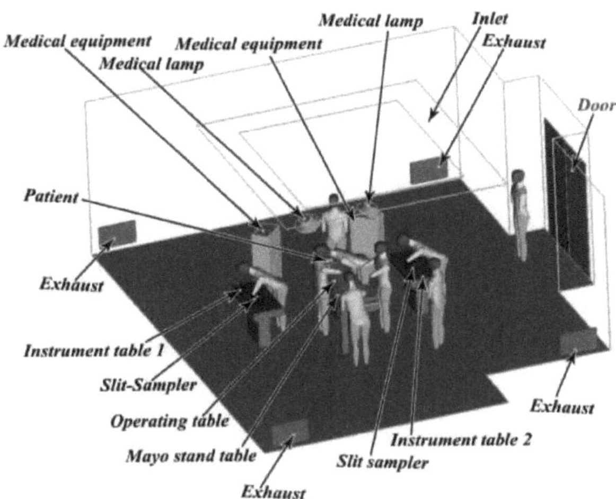

Figura 6: Vista isométrica do modelo do bloco operatório

A sala de operações foi proposta para um novo hospital (NKS, Nya Karolinska Sjukhuset) e está a ser construída em Estocolmo, na Suécia. O bloco operatório mede C 8,5m × L 7,7m com uma altura do chão ao teto de 3,2m.

Para diferentes avaliações e dependendo do caso estudado, a gama de factores examinados foi a seguinte: tipo de sistemas de ventilação, caudal de ar e taxa de renovação de ar por hora (ACH), número e constelação interna de membros do pessoal, bem como condições de fronteira.

O efeito de diferentes números de efectivos foi estudado no Documento 1 [14], começando com dez pessoas e reduzindo o número, um a um, até quatro pessoas. Os sistemas de ventilação LAF vertical e horizontal foram examinados no documento 2 [8]. No artigo 3 [90], foi avaliado um sistema de ventilação local como complemento da ventilação principal do BO. No documento 4th [13] foram investigados três sistemas distintos de vestuário para o pessoal, resultando em diferentes forças de fonte (valor médio de UFC emitidas por uma pessoa por segundo), e no documento 5th [91] foi

17

simulada uma combinação de ventilação laminar móvel e sistemas de vestuário. O conforto térmico do pessoal cirúrgico sob sistemas de ventilação laminar e mista foi abordado no artigo 6 [92].

Muitos outros aspectos, incluindo a distribuição do tamanho das partículas transportadas pelo ar que transportam microrganismos [14,90] e o seu local de lançamento [93], o conforto térmico do pessoal cirúrgico e dos doentes [92,94], o impacto da transferência radiativa de calor na distribuição do ar e da temperatura [95], a abertura de portas [62], a posição óptima das saídas de exaustão [96], a postura do pessoal e a prática de trabalho [97,98] e a infeção cruzada nas enfermarias dos hospitais [99,100], foram também abordados noutros artigos mencionados na lista de artigos. Além disso, foram consideradas análises de sensibilidade das condições de fronteira [101], bem como a avaliação de vários modelos de turbulência para a previsão do caudal de ar em recintos fechados [102].

Condições de fronteira

É bem sabido que a qualidade da simulação CFD está intimamente associada às condições de fronteira. A implementação correta, realista e precisa das condições de fronteira é uma parte importante de qualquer simulação CFD. O tratamento físico e numérico adequado das fronteiras pode afetar não só a precisão, mas também a robustez computacional e a velocidade de convergência. Tem sido discutido na literatura que, devido à sensibilidade das definições de fronteira, diferentes operadores podem obter resultados diferentes para o mesmo caso, mesmo com o mesmo código [15,103,104]. Em ambientes fechados, as fronteiras entrada-saída podem tornar-se muito mais importantes, em comparação com outras fronteiras, uma vez que o padrão do fluxo de ar é altamente afetado pelo ar que entra e pelas grelhas de exaustão [101].

No presente estudo, uma condição de fronteira frequentemente utilizada para o ar de entrada é a fronteira -velocidade-entrada ". Dependendo do caso estudado, foram impostos perfis de velocidade e temperatura uniformes ou não uniformes na entrada através da compilação de uma Função Definida pelo Utilizador (UDF). Além disso, foi utilizada uma intensidade de turbulência de 5-10%, juntamente com um diâmetro hidráulico da entrada, para especificar os parâmetros de turbulência do influxo. Para as aberturas de exaustão do fluxo de ar, foram atribuídas fronteiras de "saída de pressão" ou "saída de fluxo". As condições de fronteira sem deslizamento foram combinadas com um fluxo de calor nulo para definir paredes adiabáticas. Foi também atribuído um fluxo de calor constante à parede de todas as fontes de calor internas, incluindo pessoal, doentes, lâmpadas cirúrgicas e outro equipamento.

Para a condição de fronteira das partículas, foi atribuída uma fronteira de -escape" quando as partículas atingiam as saídas de exaustão de ar e as suas trajectórias terminavam. A fronteira -trap" foi considerada depois de as partículas atingirem uma superfície rígida e não foi tido em conta o ricochete [105].

Estratégia de malha e independência da grelha

Foi efectuada uma análise de sensibilidade da grelha em cada estudo de caso para determinar o efeito da resolução da grelha na precisão das soluções numéricas. Para além disso, foi calculado o Índice de Convergência da Grelha (ICG) proposto por Roache (1994) para estimar a incerteza da grelha:

$$GCI(u) = F_s \frac{\varepsilon_{rms}}{r^p - 1}$$

Eq. 1

Aqui, F_s é o fator de segurança e recomenda-se que seja 3, p é a ordem de precisão formal do algoritmo, com uma solução de segunda ordem de $p = 2$, e r é o fator de refinamento entre as grelhas grosseiras e finas. ε_{rms} é o erro relativo e é definido como:

$$\varepsilon_{rms} = \sqrt{\frac{\sum_{i=1}^{n_i}\left(\left(u_{i,coarse} - u_{i,fine}\right)/u_{i,fine}\right)^2}{n_d}},$$

Eq. 2

em que u é a magnitude da velocidade e n_d é o número de pontos de dados. Para estimar o GCI, o erro quadrático médio (rms) da magnitude da velocidade foi calculado em cem pontos uniformemente distribuídos pelo domínio computacional. Os valores de GCI(u) foram todos inferiores a 5-10%, dependendo dos diferentes casos estudados para a grelha adoptada, indicando que as grelhas eram suficientemente finas.

Equações de governo para o cálculo do caudal de ar

Partindo dos princípios fundamentais da conservação da massa, do momento e da energia, pode deduzir-se um sistema de equações para descrever o comportamento tridimensional do escoamento de fluidos e da transferência de calor numa sala de operações. Devido à grande escala da geometria da sala e à complexidade do escoamento envolvido na simulação do escoamento turbulento em interiores, as abordagens da Simulação Numérica Direta (DNS) e da Simulação de Grandes Foucault (LES) tornaram-se impraticáveis. Estas abordagens são muito exigentes em termos de recursos informáticos e raramente têm sido adoptadas em aplicações práticas. Para o projeto e avaliação do movimento do ar em ambientes fechados, o escoamento médio é frequentemente o foco principal, que pode ser resolvido utilizando a abordagem convencional de Reynolds-Averaged Navier-Stokes (RANS). Devido à sua eficiência computacional e precisão razoável, a abordagem de modelação RANS continua a ser um pilar industrial para uma vasta gama de escoamentos turbulentos em aplicações industriais. Este modelo é normalmente empregue para analisar escoamentos turbulentos, transferência de calor, conforto térmico e dispersão de contaminantes.

As equações de governo podem ser escritas numa forma geral de:

$$\frac{\partial}{\partial t}(\rho\varphi) + \nabla.\left(\rho\varphi\vec{V} - \Gamma_\varphi \nabla\varphi\right) = S_\varphi \, , \qquad\qquad \text{Eq. 3}$$

em que t é o tempo, ρ é a densidade do ar, φ representa uma variável dependente, como as três componentes da velocidade média u, v, w e a temperatura média, $\vec{V}$ é o vetor velocidade. S_φ é o termo fonte e Γ_φ é o coeficiente de difusão efetivo para cada variável dependente.

Neste estudo, foram utilizados modelos RANS, incluindo os modelos de turbulência k-ε do Grupo de Re-Normalização (RNG) [107] e $\overline{V}^2$-f [108], para simular o campo de escoamento turbulento. Foi demonstrado que estes modelos de turbulência RANS selecionados são apropriados para as simulações do fluxo de ar interior apresentadas neste trabalho [102,109].

Modelo numérico para o movimento de partículas

Existem duas abordagens numéricas principais para modelar o movimento das partículas, nomeadamente o seguimento de partículas Euleriano e o seguimento de partículas Lagrangiano (LPT). Cada algoritmo tem os seus prós e contras e a seleção dos dois métodos baseia-se no domínio de investigação e no custo computacional provável. Ambos os métodos calculam o campo de escoamento com base na estrutura Euleriana, mas as fases das partículas são tratadas de forma diferente. Com o método Lagrangiano, a trajetória de uma partícula de fase discreta é calculada através da integração do balanço de forças sobre a partícula individual. O método Euleriano, por outro lado, considera as partículas como um continuum e calcula as equações de conservação da fase da partícula para fornecer os detalhes do campo de concentração da partícula. Vários estudos recentes afirmam que a abordagem LPT pode ser mais exacta em comparação com o método Euleriano na previsão da dispersão e distribuição de poluentes [110,111] e, assim, o método Lagrangiano foi utilizado na presente análise.

No método LPT, a trajetória da partícula é prevista através da resolução da equação do movimento da partícula, que pode ser escrita como:

$$\frac{du_p}{dt} = F_D\left(u - u_p\right) + \frac{g\left(\rho_p - \rho\right)}{\rho_p} + F_x \qquad\qquad \text{Eq. 4}$$

Nesta equação, o subscrito refere-se à partícula enquanto que as quantidades sem subscrito referem-se ao ar. u é o vetor velocidade, ρ é a densidade, t é o tempo e g é a aceleração gravitacional. O termo F_x é utilizado para incorporar termos adicionais como a força de elevação de Saffman e a força Browniana.

F_D é o inverso do tempo de relaxamento e pode ser calculado por:

$$F_D = \frac{18\mu}{\rho_p d_p^2} \frac{C_d Re_p}{24} \qquad \text{Eq. 5}$$

em que μ é a viscosidade molecular do ar, d_p e Re_p são o diâmetro e o número de Reynolds das partículas. C_d é o coeficiente de arrastamento e é definido da seguinte forma:

$$C_d = \frac{\xi_1}{Re} + \frac{\xi_2}{Re^2} + \xi_3 \qquad \text{Eq. 6}$$

em que ξ_1, ξ_2 e ξ_3 são as constantes dadas por Morsi e Alexander [112].

A UDF foi combinada com o método LPT para calcular a distribuição da concentração a partir das trajectórias das partículas. Além disso, o modelo Discrete Random Walk (DRW) foi utilizado para incorporar as flutuações estocásticas de velocidade na fase fluida.

Para caraterizar o comportamento das partículas suspensas no campo do fluxo de ar, o número de Stokes (*STK*) também foi considerado neste estudo. Para cada caso de estudo, foi calculado o valor mais elevado possível de *St*. Foi demonstrado em estudos anteriores que as partículas com STK igual ou inferior a 0,1 se comportam como partículas fluidas e parecem seguir os remoinhos recirculantes, ao passo que as partículas com STK $\approx$ 1 são menos capazes de responder ao padrão de fluxo em pequena escala e a dinâmica dessas partículas é fracamente afetada pela dispersão turbulenta[113,114]. O *STK* é definido como:

$$STK = \frac{\rho_p d_p^2 U_\infty}{18\mu d_c} \qquad \text{Eq. 7}$$

em que ρ_p e d_p são a densidade e o diâmetro das partículas, respetivamente U_∞ é a velocidade do ar em fluxo livre, μ é a viscosidade dinâmica molecular do ar e d_c é a dimensão caraterística do obstáculo. O valor mais elevado possível do número de Stokes, em todos os estudos de caso baseados na maior dimensão e velocidade das partículas, foi calculado como sendo da ordem de 10^{-3}. Este valor do número de Stokes mostra claramente que é mais provável que as partículas sigam os movimentos do fluxo de ar e que uma pequena variação na dimensão e velocidade das partículas tem pouco impacto nas trajectórias das partículas.

A trajetória estocástica das partículas no método LPT pode impor incertezas substanciais no cálculo da concentração. O cálculo da trajetória das partículas foi repetido várias vezes a fim de ultrapassar essas incertezas e obter resultados estatisticamente fiáveis. Zhang e Chen [110] demonstraram que a solução se torna estável quando é simulado um número adequado de partículas.

Em todos os estudos de caso, a interação entre a partícula e o campo de fluxo de ar foi considerada como um acoplamento unidirecional, como também foi recomendado por outros [110,113,115]. Forças adicionais, como a história de Basset, o gradiente de pressão e a massa virtual e a difusividade browniana, foram desconsideradas para as partículas de tamanho considerado neste estudo. No entanto, a força de elevação de Saffman foi incorporada [116,117].

Conforto térmico

A avaliação do conforto térmico foi efectuada através da aplicação do modelo de Fanger [85]. Neste caso, foi utilizada uma UDF para calcular a humidade relativa e posteriormente aplicada aos resultados da simulação CFD para obter os valores PMV e PPD. Os valores PMV e PPD podem ser calculados da seguinte forma:

$$PMV = \left[0.303\exp(-0.036M)+0.028\right]$$

$$\times \left\{ \begin{array}{l} (M-W)-3.69\times10^{-8}f_{cl}\left[(T_{cl}+273.15)^4-(T_r+273.15)^4\right] \\ -f_{cl}h_{conv}(T_{cl}-T_a)-3.05\left[5.733-0.007(M-W)-0.001p_w\right] \\ -0.42\left[(M-W)-58.15\right]-0.0173M(5.867-0.001p_w) \\ -0.0014M(34-T_a) \end{array} \right\} \qquad \text{Eq. 8}$$

$$PPD = 100-0.95\cdot\exp\left(-0.03353\cdot PMV^4-0.2179\cdot PMV^2\right) \qquad \text{Eq. 9}$$

O ambiente térmico aceitável para o conforto geral é recomendado como $-0,5 < PMV < 0,5$. Na norma ISO 7730-2005 [84] é dada uma explicação mais pormenorizada da equação acima referida.

Métodos microbiológicos de amostragem do ar

Experiência

A recolha frequente de amostras de ar permite uma avaliação satisfatória da distribuição das partículas nos estabelecimentos de saúde. Devem ser adoptados vários tipos de amostragem de ar para garantir que um sistema de ventilação cumpre os requisitos normalizados.

Nas medições experimentais, há duas abordagens diferentes frequentemente utilizadas para monitorizar a população microbiológica no ar, ou seja, a monitorização passiva e a amostragem ativa.

Normalmente, a amostragem ativa é adoptada para mapear a concentração volumétrica de partículas, e a monitorização passiva é utilizada para medir a taxa de sedimentação de partículas viáveis nas superfícies.

As placas são então incubadas para permitir o desenvolvimento de colónias visíveis e a sua contagem. As aplicações das placas de sedimentação são limitadas, uma vez que só são capazes de monitorizar os BCP que se precipitam do ar e se depositam numa superfície durante o tempo de exposição [6]. Por conseguinte, este método só deve ser utilizado nos casos em que as partículas podem depositar-se sem serem perturbadas, o que não acontece com caudais de ar elevados. Além disso, as placas não podem recolher volumes específicos de ar, pelo que os resultados não são quantitativos.

Uma equação analítica, como a apresentada na Eq. 10, pode ser utilizada para estimar a concentração de partículas num ambiente fechado. No entanto, esta equação baseia-se em dois pressupostos. Primeiro, que a sala de operações está em condições estacionárias e, segundo, que as partículas transportadas pelo ar estão uniformemente distribuídas pela sala de operações [6].

$$c = \frac{n_p \times q_s}{Q}$$

Eq. 10

Aqui, c é a concentração volumétrica de BCP (UFC/m^3), n_p é o número de pessoas, q_s é a força da fonte (UFC/s emitidas por uma pessoa) e Q é o caudal de ar (m^3 / s).

Simulação CFD

A amostragem microbiológica do ar deve ser realizada periodicamente durante as actividades cirúrgicas para fornecer informações sobre os níveis de bactérias na zona cirúrgica. A realização de uma amostragem microbiológica do ar durante um determinado procedimento cirúrgico pode envolver várias considerações éticas e logísticas, e frequentemente não pode ser repetida.

As simulações CFD da distribuição de BCP no ambiente interior de um hospital podem ser uma alternativa potencial à medição direta. Por conseguinte, no presente estudo, os métodos de amostragem do ar foram simulados numericamente para mapear a distribuição de BCP no BO. Nos documentos 1, 2 e 3 [8,14,90] são apresentados pormenores mais completos sobre a abordagem numérica das amostragens activas e passivas.

Teste de recuperação

Os ensaios de recuperação são normalmente realizados para examinar o desempenho dos sistemas de ventilação na remoção de partículas transportadas pelo ar dentro de um determinado limite de tempo [118]. O desempenho da recuperação da limpeza após a exposição a um evento de geração de partículas está entre as caraterísticas de desempenho mais importantes do sistema de ventilação. O tempo de recuperação é o tempo necessário para que a concentração de partículas diminua em duas ordens de grandeza (por exemplo, de 1000 para 10).

Neste estudo, baseado na norma DIN 1946-4 [119], a sala de operações foi exposta a 3500 partículas (0,5 μm) por metro cúbico de ar.

Validação do modelo

Para efeitos de validação, foram escolhidos três casos diferentes, como se descreve a seguir.

Estudo de validação 1

Um ensaio experimental de referência bem documentado, efectuado na Universidade de Aalborg, foi utilizado como referência para validar as previsões CFD do campo de fluxo de ar (figura 7-a). A instalação experimental consistiu num manequim em posição sentada num túnel de vento com uma geometria em forma de caixa (C × A × L = 2,44 m × 2,46 m × 1,2 m). O manequim foi posicionado na linha central da caixa, a uma distância de 0,7 m da entrada (Figura 7-b).

23

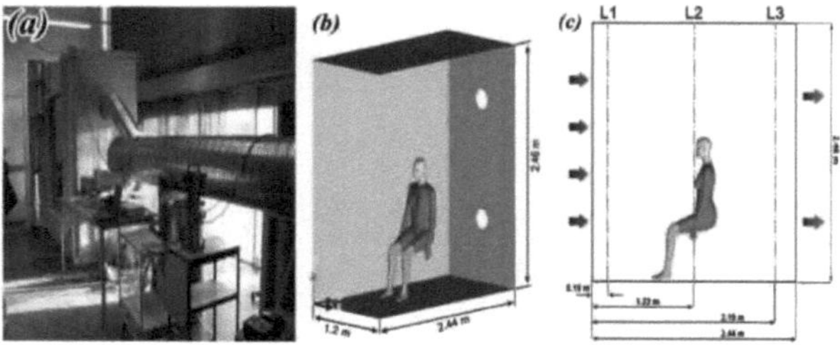

Figura 7: (a) Instalação experimental de referência, (b) modelo CAD preparado para simulação CFD, (c) localizações dos perfis de velocidade e temperatura medidos.

O ar de entrada foi fornecido uniformemente em toda a área da secção transversal do túnel de vento, em frente do manequim térmico, e foi evacuado através de duas aberturas circulares de exaustão atrás do manequim. O ar foi introduzido no túnel de vento a partir de uma sala de laboratório circundante, a 0,27 ± 0,02 m/s e com uma temperatura média de 20,4 ± 0,1 °C. A temperatura da superfície do manequim foi fixada em 34 °C sem vestuário, de modo a obter níveis de perda de calor rápidos e exactos. As velocidades do ar e a temperatura foram medidas em diferentes locais, tanto à frente como atrás do manequim, como se mostra na Figura 7-c.

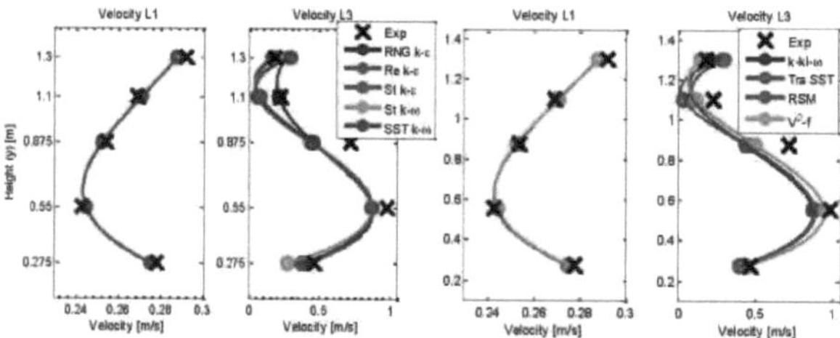

Figura 8: Perfis de velocidade em L1 e L3 previstos com nove modelos de turbulência diferentes.

Figura 8: mostra o perfil de velocidade previsto com diferentes modelos de turbulência nas duas linhas verticais L1 e L3.

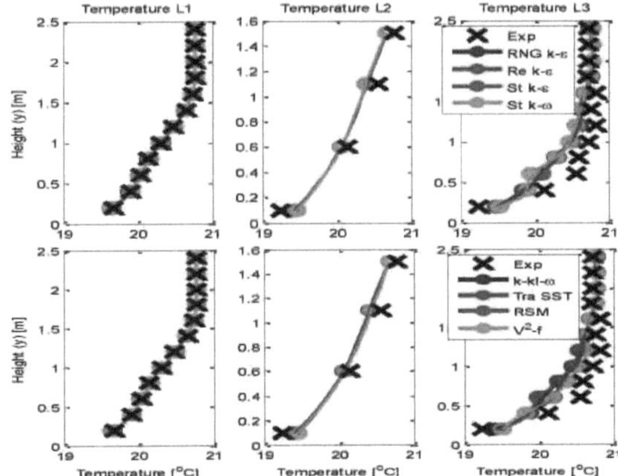

Figura 8: Perfis de temperatura em L1, L2 e L3 previstos com nove modelos de turbulência diferentes.

A diferença entre o perfil de velocidade previsto e os dados de medição em L1 é inferior a 1%, mas existe uma grande discrepância entre a velocidade do caudal de ar previsto e medido em L3.

De todos os modelos de turbulência, os modelos RNG k-ε e $\overline{v^2}$-f apresentaram os resultados mais próximos.

A figura 9 mostra o perfil de temperatura previsto com nove modelos de turbulência em três linhas verticais diferentes: L1, L2 e L3. Tal como para o perfil de velocidade, a previsão da temperatura é altamente exacta em frente do manequim sentado (L1 e L2), mas observa-se uma discrepância na parte de trás do túnel de vento, perto das saídas de escape. Em ambos os casos, a velocidade e a temperatura foram subestimadas na linha L3, especialmente ao nível do pavimento. Uma explicação pormenorizada destas discrepâncias foi dada por Sadrizadeh e Peng [101].

Entre todos os modelos de turbulência aqui utilizados, o modelo de turbulência Realizável k-ε foi o mais robusto e fácil de convergir e o modelo RSM foi ligeiramente mais exato em alguns aspectos.

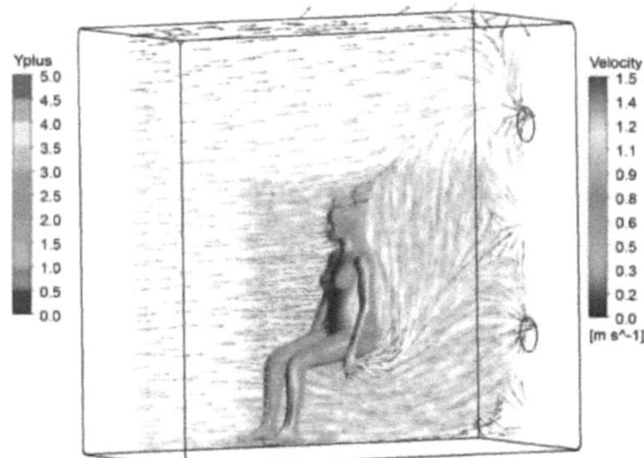

Figura 10: Vectores de velocidade no plano médio da caixa do túnel de vento, a cor do manequim indica o valor de y⁺

A figura 10 mostra o campo vetorial da velocidade no plano médio da caixa do túnel de vento que passa pelo manequim. O campo de fluxo de ar unidirecional proveniente da entrada tornou-se excessivamente turbulento ao passar pelo manequim. As intensas flutuações de turbulência e a recirculação (eddy) na parte de trás do manequim constituíram um grande desafio para os modelos de turbulência.

A cor da superfície do manequim representa o valor da distância adimensional à parede (y^+) (do primeiro ponto de grelha próximo da parede), que se encontra dentro do valor aceitável para simulações de caudal de ar em espaços interiores.

Estudo de validação 2

Com base na conclusão da secção anterior e tendo em conta a adequação do modelo de turbulência RNG k-ε para simulações do fluxo de ar em espaços interiores, este modelo foi aplicado ao presente caso de validação.

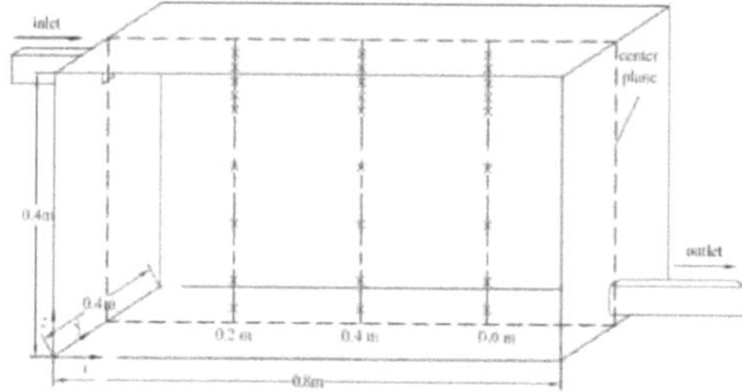

Figura 11: A geometria e o ponto de medição da velocidade e da concentração de partículas

Foi selecionado o caso experimental de Chen et al. [115] em que as dimensões totais da sala eram L

× W × H = 0,8m × 0,4m × 0,4m. A entrada e a saída, 0,04m × 0,04m, são simétricas em relação ao plano central (Figura 11). Foi escolhido o tamanho de partícula de 10μm e a concentração foi normalizada em relação à concentração de entrada. A velocidade de entrada foi fixada em 0,225 m/s.

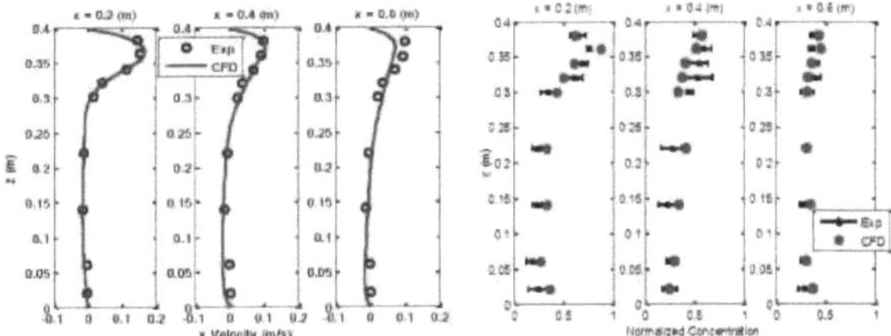

Figura 12: Comparação da velocidade medida e prevista e das concertrações de partículas em três locais diferentes

A Figura 12 mostra a comparação da velocidade simulada e da concentração de partículas com os dados experimentais. Tanto o perfil de velocidade como a simulação Lagrangiana DRW concordam bem com as medições, pelo que a validação do modelo é considerada bem sucedida.

Estudo de validação 3

Zhao et al. [120] efectuaram uma validação de caso adicional utilizando medições do fluxo de ar e da concentração de partículas no terreno à escala real. As medições foram efectuadas num ambiente de proteção ISO Classe 5, com uma cama individual, equipado com um sistema de ventilação de fluxo descendente.

A configuração do quarto de enfermaria e da casa de banho adjacente, com dimensões totais de C 3,3 m × L 3,1 m × A 2,5 m, é apresentada na figura 13-a. A localização da fonte de partículas, juntamente com a localização medida da velocidade e da concentração de partículas, é mostrada na Figura 13-b. O ar de entrada foi introduzido nas zonas de prestação de cuidados aos doentes e nas casas de banho através de uma abertura no teto e evacuado através de aberturas de exaustão nas paredes verticais. A velocidade do ar fornecido era de 0,28 m/s e 0,36 m/s na área de cuidados dos doentes e na casa de banho, respetivamente.

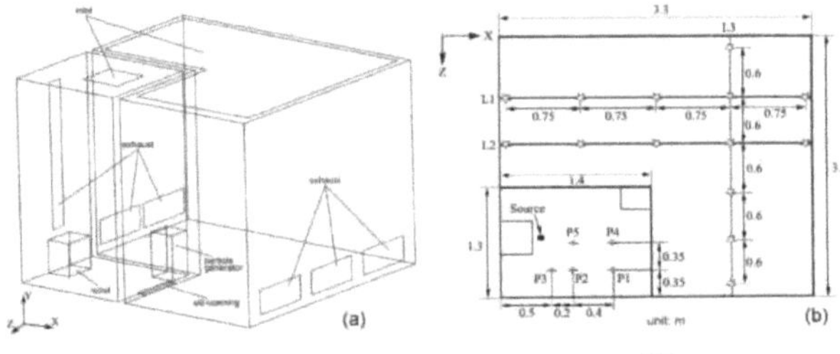

Figura 13: (a) Esquema do caso de validação e (b) planta dos pontos de ensaio

Parte do ar fornecido à ala limpa entrava na casa de banho através de uma abertura na porta. Partículas finas com um tamanho aerodinâmico de 0,5-1μm e uma densidade de 914 kg/m^3 foram continuamente libertadas sobre o assento da sanita. Uma explicação pormenorizada da configuração da experiência foi dada por Zhao et al. [120].

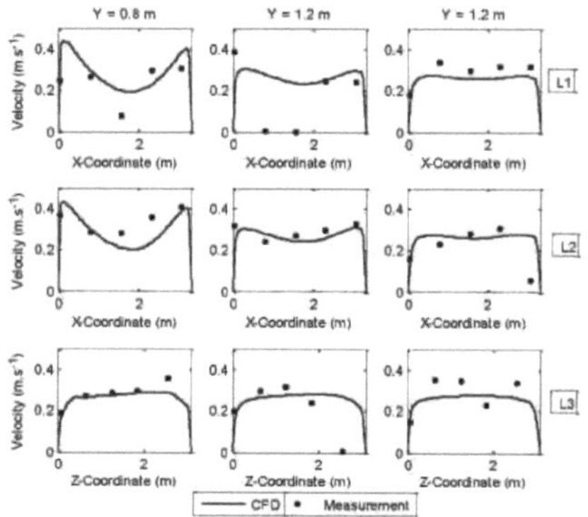

Figura 14: Comparação da velocidade medida e simulada em L1, L2 e L3

As velocidades simuladas e medidas e a concentração de partículas sem dimensão nos locais de ensaio são apresentadas nas Figuras 14 e 15, respetivamente. Uma comparação dos resultados indicou que a velocidade simulada se correlacionou fortemente com os dados experimentais e forneceu uma previsão razoável da distribuição da concentração de partículas.

A simulação para P1, P2 e particularmente P4 deu uma previsão de concentração de partículas consideravelmente mais baixa do que as medições, especialmente nas partes inferiores da casa de banho. Isto pode ter sido devido à fuga de partículas da ligação entre o gerador e o tubo durante as experiências, que se situava perto de P4, tal como explicado por Zhao et al. [120].

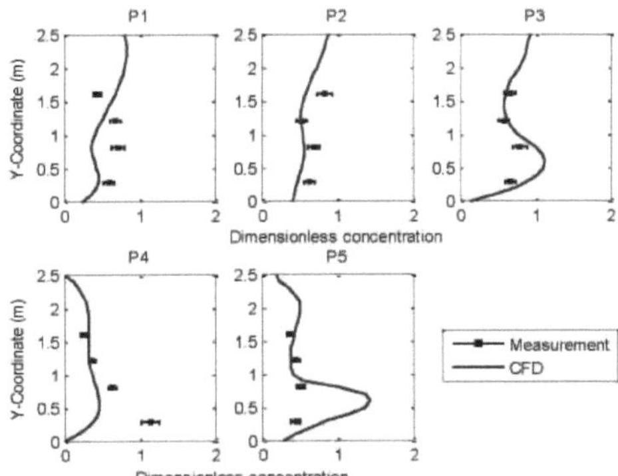

Figura 15: Comparação da concentração de partículas sem dimensão simulada e medida com a concentração sem dimensão definida como a concentração local de P5 à altura de 0,8 m

A influência da fuga para P1 e P2 foi muito menor do que para P4, uma vez que estavam localizados mais longe da fonte. No geral, a previsão simulada do campo de fluxo de ar e da distribuição de partículas foi satisfatória e o modelo matemático foi validado.

RESULTADOS E DISCUSSÃO

Número e posição do pessoal cirúrgico

O efeito do número de efectivos e da sua constelação interna foi abordado no primeiro artigo [14]. A partir dos resultados, pode concluir-se que o aumento do número de funcionários nas áreas cirúrgicas pode causar um aumento dramático na deposição e distribuição de partículas.

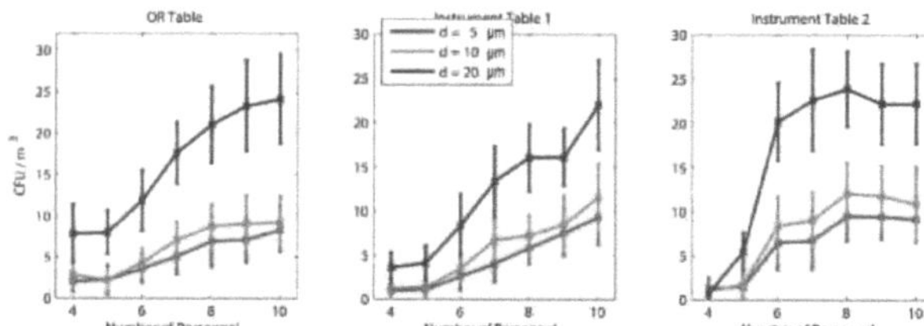

Figura 16: Concentrações simuladas de BCP em função do número de efectivos para diferentes diâmetros de partículas (método ativo de amostragem do ar) [14]

A taxa de crescimento pode não ter sido linear devido a factores influentes, como as diferentes distâncias do pessoal em relação às áreas de amostragem, os padrões locais do fluxo de ar e a intensidade da fonte. Em cirurgias propensas a infecções (ou seja, cirurgias ortopédicas e de transplantes), o movimento e o número de pessoal devem ser tão limitados quanto possível. A prática de trabalho dos membros da equipa cirúrgica também foi importante e recomendou-se que fosse dada mais atenção à sua postura.

Diferentes sistemas de ventilação

O desempenho dos sistemas de ventilação LAF vertical e horizontal na deposição e distribuição de partículas no ambiente da sala de operações foi abordado no segundo artigo [8]. Concluiu-se que o LAF horizontal pode ser o melhor sistema de ventilação e uma boa alternativa ao LAF vertical, uma vez que este sistema de ventilação é fácil de instalar, económico e não exige a modificação dos sistemas de iluminação existentes.

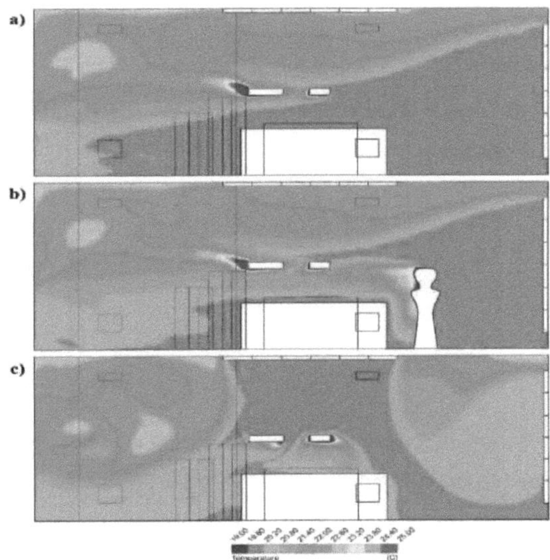

Figura 17: Traçado do contorno da temperatura na mesa de operações (50 ACH); (a & b) Horizontal e (c) Vertical. [8]

Foi demonstrado que o LAF horizontal é menos sensível a plumas térmicas e a obstáculos como lâmpadas e equipamento médico. Devem também ser consideradas outras restrições e limitações para este sistema em utilização, tais como a modificação das práticas de trabalho do pessoal.

Uma comparação entre as concentrações de partículas, estimadas utilizando a Eq. 10, e os resultados da simulação CFD foi apresentada na Figura 18.

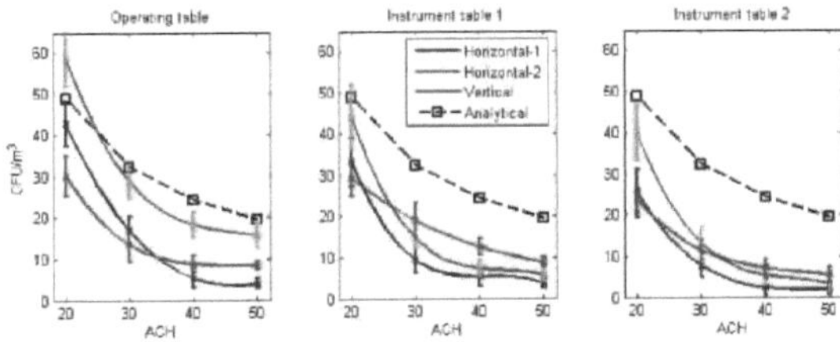

Figura 18: Contagens volumétricas de BCPs (cfu/m^3) durante a cirurgia simulada com estratégia de ventilação horizontal e vertical; a solução analítica (totalmente mista) é apresentada como referência [8].

Foi claramente demonstrado que a utilização desta equação para calcular a concentração de BCP pode resultar em erros substanciais, pelo que não é recomendada. No entanto, como pode dar uma boa estimativa preliminar da concentração média na sala, pode valer a pena utilizá-la antes de uma

31

avaliação mais precisa.

Ventilação local portátil de fluxo de ar laminar

A influência de um ecrã móvel de fluxo de ar laminar exponencial ultra-limpo na concentração, deposição e distribuição de BCP nos BO foi abordada nos artigos 3 e 5 [90,91].

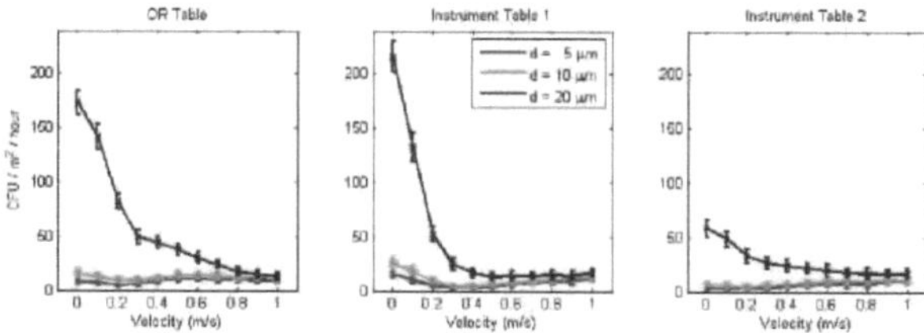

Figura 19: Taxa de sedimentação do PCA em função da velocidade da linha central da unidade portátil de fluxo laminar de ar (método de amostragem passiva de ar) [90]

Concluiu-se que o crivo adicional móvel ultra-limpo LAF reduziu as contagens de partículas transportadas pelo ar e de BCP que formam sedimentos. Os resultados da simulação confirmaram a eficácia de tais unidades de ventilação, embora se tenha verificado que a eficácia destes sistemas de ventilação é altamente afetada por práticas de trabalho inadequadas dos membros do pessoal, tal como foi amplamente discutido no documento 9 [97].

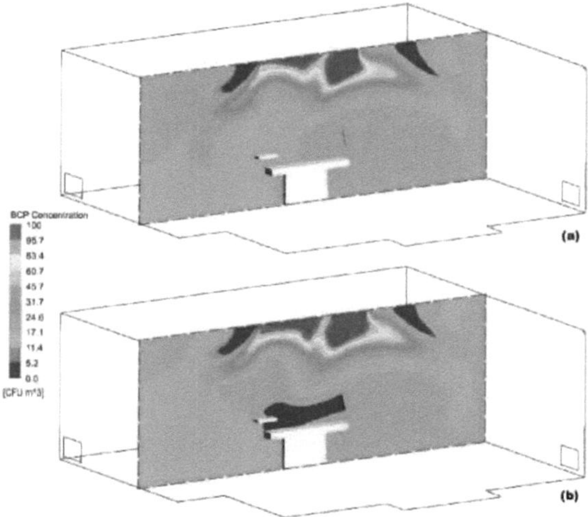

Figura 20: Concentração volumétrica de BCP no plano médio da mesa de operações com (a) a unidade móvel de fluxo de ar regulada para "off", (b) a unidade móvel de fluxo de ar regulada para "on"[91].

Sistemas de vestuário

A força inicial da fonte dos membros do pessoal devido a diferentes sistemas de vestuário foi investigada nos Documentos 4 e 5 [13,91].

Concluiu-se que a utilização de sistemas de vestuário com maior capacidade de proteção, resultando numa menor força da fonte, pode reduzir a concentração de partículas na sala de operações.

Quadro 1: Concentração volumétrica de BCP para três valores diferentes de resistência da fonte nos sistemas LAF horizontal e vertical [13]

Força da fonte	Tipo LAF	OT CFU/m^3 média ± DP	,MS CFU/m^3 média± DP	,IT1 CFU/m^3 média± DP	,TI 2 CFU/m^3, média ± DP
5CFU/s	Horizontal	15.15 ± 3.21	15.35 ± 3.11	9.19 ± 2.53	11.48 ± 3.22
	Vertical	33.93 ±4.57	27.01 ± 3.57	11.28 ± 2.77	17.67 ± 3.51
4CFU/s	Horizontal	11.32 ±3.34	11.41 ± 3.21	7.12 ± 2.41	8.63 ± 2.58
	Vertical	29.30 ± 5.05	21.52 ± 3.83	8.32 ± 2.87	15.66 ± 3.08
1.5CFU/s	Horizontal	4.51 ±4.74	4.13 ± 3.18	2.48 ± 2.83	3.15 ± 3.01
	Vertical	10.21 ±9.25	9.53 ± 8.78	4.02 ± 4.59	6.87 ± 5.86

LAF: Fluxo de ar laminar, OT: Mesa de operações, MS: Mesa de Mayo, IT: Mesa de instrumentos, CFU: Unidade formadora de colónias, SD: Desvio padrão

O vestuário inadequado é crítico em ambientes de BO e pode reduzir a eficiência do trabalho e aumentar a possibilidade de erros cirúrgicos [92,94]. Um cirurgião que esteja confortavelmente vestido tem menos probabilidades de cometer um erro de julgamento do que um que esteja a transpirar com uma bata pesada e sem ar. É necessário avaliar melhor o conforto e a eficácia protetora dos vários sistemas de vestuário destinados a serem utilizados como vestuário cirúrgico.

Tamanho das partículas e posição de libertação

A distribuição do tamanho das BCPs foi considerada nos artigos 1st e 2nd [14,90] (ver Figuras 16 e 19). Foi demonstrado que a taxa de deposição de BCP estava diretamente correlacionada com o tamanho das partículas. Isto significa que quanto maior for o tamanho das partículas, maior será a possibilidade de se depositarem no ar. Além disso, verificou-se que o transporte de partículas para as zonas críticas estava correlacionado com a distância do pessoal, como fonte, à zona cirúrgica. Isto significa que a entrada do pessoal cirúrgico na zona limpa deve ser limitada tanto quanto possível.

A libertação de partículas de diferentes locais da pele humana, ou seja, pés, cabeça e pescoço, foi estudada no artigo 17 [93]. Foi demonstrado que as trajectórias das partículas eram consideravelmente influenciadas pela estrutura do fluxo de ar e pela turbulência no campo do fluxo. No entanto, a posição de lançamento das partículas teve um pequeno efeito na concentração e deposição de BCP. Desde que as partículas ainda não tenham assentado, continua a ser possível que cheguem ao local da ferida ou a qualquer outro local da divisão.

Conforto térmico

O conforto térmico num ambiente de BO alimentado por sistemas de ventilação mistos e LAF foi abordado no artigo 6 [92].

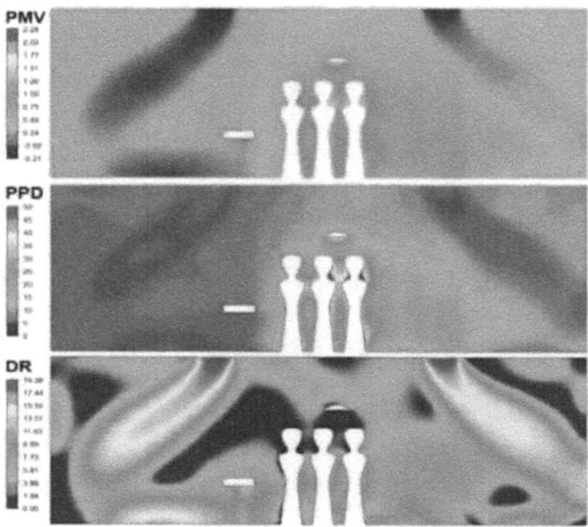

Figura 21: PMV, PPD e taxa de tiragem para os sistemas de ventilação mistos [92]

Concluiu-se que poderiam ser obtidos resultados ligeiramente mais satisfatórios do ponto de vista térmico quando o BO era alimentado por um sistema de ventilação misto. A insatisfação mais elevada, como se pode ver na Figura 21, relacionou-se principalmente com a área da cabeça e do pescoço dos membros da equipa cirúrgica (PMV≈2). Isto significa que a equipa cirúrgica pode ter sentido um ligeiro calor e, por conseguinte, foi previsto um valor de PPD na ordem dos 70-80%.

CONCLUSÃO

Contrair uma infeção profunda pode ser um acontecimento que muda a vida dos doentes e pode afetar todas as partes das suas vidas. Qualquer falha nos sistemas de ventilação durante a atividade cirúrgica pode resultar no desenvolvimento de uma SSI.

Os sistemas de ventilação dos blocos operatórios foram identificados como um fator-chave para controlar a dispersão de partículas patogénicas transportadas pelo ar. O desempenho dos diferentes sistemas de ventilação é altamente sensível à constelação interna de obstáculos dependente do caso, pelo que a sua conceção é altamente complexa. É necessário resolver muitas complicações técnicas e ter em conta uma série de factores humanos para alcançar o resultado desejado.

A obtenção de um resultado bem sucedido continua a ser um desafio, uma vez que é necessário ultrapassar muitas complicações técnicas e incorporar na solução vários factores humanos variáveis.

O controlo das partículas transportadas pelo ar nos BO exige um conhecimento abrangente da fonte e do mecanismo de transporte das partículas portadoras de bactérias. O papel das correntes de ar como veículo para as partículas transportadas pelo ar deve ser bem compreendido. As infecções nosocomiais devem ser melhor compreendidas pelo pessoal de saúde, de modo a desenvolver programas de prevenção mais eficazes. É essencial que o pessoal cirúrgico tenha conhecimentos básicos sobre os princípios dos sistemas de ventilação. Recomenda-se que o número de pessoal seja minimizado e que os que estão presentes no bloco operatório saibam que todas as actividades devem ser realizadas "a jusante" em relação aos instrumentos e à área da ferida. Não deve ser efectuado qualquer trabalho entre os difusores de fluxo de ar e as áreas importantes para a assepsia cirúrgica. Um novo princípio de ventilação, como o sistema híbrido, precisa de ser mais bem avaliado antes de ser utilizado em ambientes fechados críticos, como os blocos operatórios.

A manutenção contínua e as avaliações de risco dos sistemas de ventilação dos blocos operatórios são cruciais nos blocos operatórios, porque uma pequena falha nestes sistemas críticos pode não só ter um efeito prejudicial na qualidade do ar, mas também pôr em risco a segurança de um doente submetido a uma cirurgia. Os procedimentos de trabalho do pessoal podem influenciar fortemente os resultados do controlo de infecções. As soluções técnicas de ventilação, por si só, não garantem ar limpo. A compreensão mútua entre os especialistas em ventilação e o pessoal cirúrgico, juntamente com uma avaliação eficaz e frequente das salas de operações em utilização, são a chave para um desenvolvimento mais fácil e mais direto dos princípios de ventilação.

TRABALHO FUTURO

Embora o presente estudo tenha proporcionado uma exploração pormenorizada dos sistemas de ventilação hospitalar, há vários aspectos que continuam por investigar. A perspetiva teórica aqui delineada exige mais investigação e desenvolvimento básico. A investigação futura deve ser orientada para uma maior incorporação de factores influentes nos mecanismos de dispersão, distribuição e transporte de partículas portadoras de bactérias. Ainda se sabe muito pouco sobre a abordagem numérica mais eficiente e relevante para prever o campo de fluxo de ar e a dispersão de contaminantes em ambientes de blocos operatórios.

Na maioria dos estudos de caso, foi adoptada uma situação de estado estacionário. . As investigações futuras devem, portanto, incluir simulações dependentes do tempo para incluir o efeito da atividade humana durante uma cirurgia em curso. Além disso, é necessária uma avaliação experimental que seja complementar à simulação numérica, para examinar melhor outros factores que possam afetar o desempenho da ventilação.

Outro tópico para estudos futuros é examinar as novas concepções de sistemas de ventilação baseados em princípios híbridos, uma vez que a utilidade de tais sistemas pode ser melhorada porque proporcionam as vantagens dos sistemas de ventilação de fluxo de ar laminar e totalmente misto.

Embora este estudo tenha utilizado principalmente o método de Euler-Lagrange para seguir as partículas, o método de Euler-Euler pode ser outra opção para uma avaliação mais aprofundada da distribuição das partículas.

Estudos futuros poderão também incluir o conforto térmico do pessoal, bem como a hipotermia dos doentes, uma vez que estes factores têm um impacto essencial no desempenho profissional do pessoal e no bem-estar dos doentes.

Uma compreensão mais aprofundada e precisa da estrutura do fluxo de ar e do movimento das partículas deverá também ser objeto de trabalhos futuros que poderão incluir simulações numéricas dependentes do tempo e modelos de turbulência mais avançados, como as simulações de grandes turbilhões (LES).

REFERENCIAS

1. Edmiston CE, Seabrook GR, Cambria R a, Brown KR, Lewis BD, Sommers JR, et al. Molecular epidemiology of microbial contamination in the operating room environment: Existe um risco de infeção? Cirurgia 2005; 138:573-582

2. Hambraeus A. Aerobiologia no bloco operatório - uma revisão. J Hosp Infect 1988; 11:68-76

3. Petti C a, Sanders LL, Trivette SL, Briggs J, Sexton DJ. Bacteremia pós-operatória secundária à infeção do sítio cirúrgico. Clin. Infect. Dis. 2002; 34:305-308

4. Davies SC, Fowler T, Watson J, Livermore DM, Walker D. Relatório anual do diretor médico: infeção e aumento da resistência antimicrobiana. Lancet 2013; 381:1606-1609

5. Burman LG. Att forebygga vârdrelaterade infektioner -Ett kunskapsunderlag. Conselho Nacional Sueco para a Saúde. Welfare, Stock. ISBN 9185482145 2006

6. SIS-TS 39:2012 (E). Limpeza microbiológica no bloco operatório - Prevenção da contaminação por via aérea - Orientações e requisitos fundamentais. 2013

7. Whyte W, Hodgson R, Tinkler J. The importance of airborne bacterial contamination of wounds. J Hosp Infect 1982; 3:123-35

8. Sadrizadeh S, Holmberg S, Tammelin A. A comparison of vertical and horizontal laminar ventilation systems in an operating room: Um estudo numérico. Build. Environ. 2014; 82:517-525

9. Sadrizadeh S, Holmberg S. Comparação de diferentes princípios de ventilação numa sala de operações. Proc. 13th SCANVAC Int. Conf. Distribuição de Ar. Rooms 2014

10. Lin Z, Chow TT, Fong KF, Tsang CF, Wang Q. Comparação dos desempenhos das ventilações de deslocamento e de mistura. Parte II: qualidade do ar interior. Int. J. Refrig. 2005; 28:288-305

11. Memarzadeh F, Manning A. Comparação dos sistemas de ventilação do bloco operatório na proteção do local da cirurgia. ASHRAE Trans. 2002; 108:315

12. Tammelin A, Ljungqvist B, Reinmüller B. Sistema de vestuário cirúrgico de utilização única para redução de bactérias transportadas pelo ar no bloco operatório. J Hosp Infect 2013; 84:245-7

13. Sadrizadeh S, Holmberg S. Sistemas de vestuário cirúrgico em blocos operatórios de fluxo de ar laminar: uma avaliação numérica. J. Infect. Saúde Pública 2014; 7:508-516

14. Sadrizadeh S, Tammelin A, Ekolind P, Holmberg S. Influência do número de funcionários e da constelação interna na infeção do local da cirurgia num bloco operatório. Particuology 2014; 13:42-51

15. Zhai Z, Zhang Z, Zhang W, Chen Q. Avaliação de vários modelos de turbulência na previsão do fluxo de ar e da turbulência em ambientes fechados por CFD: Parte 1 - Resumo dos modelos de turbulência predominantes. HVAC&R Res. 2007; 13:37-41

16. Coello R, Charlett A, Wilson J, Ward V, Pearson A, Borriello P. Adverse impact of surgical site infections in English hospitals (Impacto adverso das infecções do sítio cirúrgico em hospitais ingleses). J Hosp Infect 2005; 60:93-103

17. Howorth F. Prevenção de infecções transmitidas pelo ar durante a cirurgia. Lancet 1985; 386-388

18. Hambraeus a, Benediktsdóttir E. Airborne non-sporeforming anaerobic bacteria. J. Hyg. (Lond). 1980; 84:181-9

19. Lidwell OM. Bactérias transportadas pelo ar e infeção cirúrgica. Am. J. Med. 1981; 70:693-7

20. Lidwell OM, Richards ID, Polakoff S. Comparação de três sistemas de ventilação num bloco operatório. J. Hyg. (Lond). 1967; 65:193-205

21. Ritter M a, Eitzen HE, French ML, Hart JB. The effect that time, touch and environment have upon bacterial contamination of instruments during surgery. Ann. Surg. 1976; 184:642-4

22. Hoffman PN, Williams J, Stacey A, Bennett AM, Ridgway GL, Dobson C, et al. Microbiological commissioning and monitoring of operating theatre suites. J Hosp Infect 2002; 52:1-28

23. Noble W, Lidwell O, Kingston D. The size distribution of airborne particles carrying micro-organisms. J Hyg 1963; 61:385-391

24. Gosden PE, MacGowan a P, Bannister GC. Importância da qualidade do ar e factores relacionados na prevenção de infecções na cirurgia de implantes ortopédicos. J Hosp Infect 1998; 39:173-80

25. Woods JE, Braymen DT, Rasmussen RW, Reynolds GL, Montag GM. Requisitos de ventilação em salas de operações hospitalares. I: Controlo de partículas transportadas pelo ar. ASHRAE Trans. 1986; 92:396-426

26. Friberg S, Ardnor B, Lundholm R, Friberg B. A adição de um ecrã móvel de fluxo de ar laminar exponencial ultraclean à ventilação convencional do bloco operatório reduz a contaminação bacteriana para os níveis do bloco operatório. J Hosp Infect 2003; 55:92-97

27. Lidwell OM, Lowbury EJ, Whyte W, Blowers R, Stanley SJ, Lowe D. Effect of ultraclean air in operating rooms on deep sepsis in the joint after total hip or knee replacement: a randomised study. Br. Med. J. (Clin. Res. Ed). 1982; 285:10-4

28. Mangram AJ, Horan TC, Pearson ML, Silver LC, Jarvis WR. Diretrizes para a Prevenção da Infeção do Local Cirúrgico, 1999. Am. J. Infect. Control 1999; 27:97-134

29. Kloos W, Musselwhite M, Zimmerman R. Uma comparação da distribuição de espécies de Staphylococcus na pele humana e animal. ... 3° Int. Symp. ... 1976

30. Howard JL, Hanssen AD. Princípios de um ambiente de sala de operações limpo. J. Arthroplasty 2007; 22:6-11

31. Memarzadeh F, Manning A. Reducing risks of surgery (Reduzir os riscos da cirurgia). ASHRAE J. 2003; 45:28

32. Nobre WC. Dispersão de bactérias da pele humana. Proc. Int. Symp. Contam. Control. Copenhaga, Dinamarca 1976; 16-24

33. Zamuner N. Ambiente de sala de operações com fluxo de ar turbulento. ASHRAE Trans. 1986; 92:343-349

34. Hansen D, Krabs C, Benner D, Brauksiepe A, Popp W. O fluxo de ar laminar proporciona uma elevada qualidade do ar no campo de operação, mesmo em condições reais de operação, mas a proteção pessoal parece ser necessária em operações com combustão de tecidos. Int. J. Hyg. Environ. Saúde 2005; 208:455-60

35. Mackintosh C a, Lidwell OM, Towers a G, Marples RR. As dimensões dos fragmentcs de pele dispersos no ar durante a atividade. J. Hyg. (Lond). 1978; 81:471-9

36. Friberg B. Ultraclean laminar airflow ORs. AORN J. 1998; 67:841-2, 84551

37. Nordenadler J. Nâgot om Skyddsventilation i operationsrum. 2011;

38. Noparat W, Siripanichakorn K, Tribuddharat C, Danchaivijitr S. Persistência do efeito antimicrobiano dos anti-sépticos nos regimes de higiene das mãos em cirurgia. J. Med. Assoc. Thai. 2005; 88 Suppl 1:S177-82

39. DAVIES RR, NOBLE WC. Dispersão de bactérias na pele descamada. Lancet 1962; 2:1295-7

40. Mitchell NJ, Evans DS, Kerr A. Reduction of skin bacteria in theatre air with comfortable, non-woven disposable clothing for operating-theatre staff. Br. Med. J. 1978; 1:696-8

41. Mitchell N, Gamble D. CLOTHING DESIGN FOR OPERATING-ROOM PERSONNEL. Lancet 1974; 304:1133-1136

42. Blowers R, Mccluskey M. DESIGN OF OPERATING-ROOM DRESS FOR SURGEONS (conceção de vestuário para a sala de operações dos cirurgiões). Lancet 1965; 286:681-683

43. Rui Z, Guangbei T, Jihong L. Estudo sobre estratégias de controlo de contaminantes biológicos em diferentes modelos de ventilação no bloco operatório de um hospital. Construir. Environ. 2008; 43:793-803

44. Andersson P a, Hambraeus A, Zettersten U, Ljungqvist B, Neikter K, Ransjo U. A comparison between tracer gas and tracer particle techniques in evaluating the efficiency of ventilation in operating theatres. J. Hyg. (Lond). 1983; 91:509-19

45. Tammelin-Brandemark A. Staphylococci em cirurgia cardio-torácica: Estudos epidemiológicos e clínicos. Tese de doutoramento, Uppsala: Ata Universitatis Upsaliensis , 2001

46. Hill J, Howell A, Blowers R. Effect of clothing on dispersal of Staphylococcus aureus by males and females (Efeito do vestuário na dispersão de Staphylococcus aureus por homens e mulheres). Lancet 1974; 2:1131-3

47. Tammelin a, Domicel P, Hambraeus A, Stahle E. Dispersão de Staphylococcus epidermidis resistente à meticilina pelo pessoal de um bloco operatório de cirurgia torácica e cardiovascular: relação com o transporte de pele e vestuário. J Hosp Infect 2000; 44:119-26

48. Augustowska M, Dutkiewicz J. Variabilidade da microflora do ar numa enfermaria de hospital no período de um ano. Ann. Agric. Environ. Med. 2006; 13:99-106

49. Wan G-H, Chung F-F, Tang C-S. Vigilância a longo prazo da qualidade do ar em salas de operações de centros médicos. Am. J. Infect. Control 2011; 39:302-8

50. Blowers R, Lidwell OM, Williams REO. Design and Ventilation Of Operating-Room Suites For Control Of Infection And For Comfort (Conceção e Ventilação das Suites das Salas de Operações para Controlo da Infeção e Conforto). Lancet 1963; 281:165

51. Wilson D, Kiel D. Contrafluxo conduzido pela gravidade através de uma porta aberta numa sala selada. Build. Environ. 1990; 25:379-388

52. Hayden CS, Johnston OE, Hughes RT, Jensen PA. Air Volume Migration from Negative Pressure Isolation Rooms during Entry/Exit (Migração do Volume de Ar de Salas de Isolamento de Pressão Negativa durante a Entrada/Saída). Appl. Occup. Environ. Hyg. 1998; 13:518-527

53. Chow TT, Yang XY. Desempenho da ventilação no bloco operatório contra infecções transmitidas pelo ar: estudo numérico de um sistema ultra-limpo. J Hosp Infect 2005; 59:138-47

54. Tang JW, Li Y, Eames I, Chan PKS, Ridgway GL. Factores envolvidos na transmissão de infecções por aerossóis e controlo da ventilação em instalações de cuidados de saúde. J Hosp Infect 2006; 64:100-14

55. Scaltriti S, Cencetti S, Rovesti S, Marchesi I, Bargellini A, Borella P. Risk factors for particulate and microbial contamination of air in operating theatres. J Hosp Infect 2007; 66:320-6

56. Shih Y-C, Chiu C-C, Wang O. Simulação dinâmica do fluxo de ar num quarto de isolamento. Build. Environ. 2007; 42:3194-3209

57. Stocks GW, Self SD, Thompson B, Adame X a, O'Connor DP. Predicting bacterial populations based on airborne particulates: a study performed in nonlaminar flow operating rooms during joint arthroplasty surgery. Am. J. Infect. Control 2010; 38:199-204

58. Koskela H, Saarinen P, Mustakallio P, Sandberg E, Tang JW, Klettner CA, et al. Fuga de ar do quarto de isolamento de um hospital durante a passagem por uma porta articulada. Air leakage from Isol. room 2012; c:1-6

59. Andersson AE, Bergh I, Karlsson J, Eriksson BI, Nilsson K. Fluxo de tráfego no bloco operatório: um estudo exploratório e descritivo sobre a qualidade do ar durante a cirurgia de implantes de trauma ortopédico. Am. J. Infect. Control 2012; 40:750-5

60. Blowers R, Crew B. The Ventilation of operating-theatres. J. Hyg. (Lond). 1960; 58:427-448.2

61. Lidwell OM. Troca de ar através de portas. O efeito da diferença de temperatura, turbulência e fluxo de ventilação. J. Hyg.(Cambridge) 1977; 79:141-154

62. Sadrizadeh S, Holmberg S. Abertura da porta e o seu efeito no desempenho da ventilação de mistura turbulenta num bloco operatório. Proc. 13th SCANVAC Int. Conf. Air Distrib. Rooms 2014;

63. Ritter MA, Eitzen H, French ML, Hart JB. O ambiente da sala de operações afetado pelas pessoas e pela máscara cirúrgica. Clin. Orthop. Relat. Res. 1975; 147-50

64. Young RS, O'Regan DJ. Cardiac surgical theatre traffic: time for traffic calming measures? Interact. Cardiovasc. Thorac. Surg. 2010; 10:526-9

65. Lynch RJ, Englesbe MJ, Sturm L, Bitar A, Budhiraj K, Kolla S, et al. Measurement of foot traffic in the operating room: implications for infection control. Am. J. Med. Qual. 2009; 24:45-52

66. Friberg B, Friberg S, Burman LG. Correlação inconsistente entre as contagens de bactérias aeróbias na superfície e no ar em salas de operações com fluxos de ar laminar ultra limpos: proposta de uma nova norma bacteriológica para a contaminação da superfície. J Hosp Infect 1999; 42:287-93

67. Sadrizadeh S, Holmberg S. Diferentes sistemas de ventilação de fluxo de ar laminar unidirecional num bloco operatório. Proc. 13th SCANVAC Int. Conf. Air Distrib. Salas 2014

68. Diab-Elschahawi M, Berger J, Blacky A, Kimberger O, Oguz R, Kuelpmann R, et al. Impact of different-sized laminar air flow versus no laminar air flow on bacterial counts in the operating room during orthopedic surgery. Am. J. Infect. Control 2011; 39:e25-9

69. Erichsen Andersson A, Petzold M, Bergh I, Karlsson J, Eriksson BI, Nilsson K. Comparação entre sistemas de fluxo de ar misto e laminar em salas de operações e a influência dos factores humanos: Experiências de um centro ortopédico sueco. Am. J. Infect. Control 2014; 42:665-669

70. Li Y, Nielsen P V, Sandberg M. Ventilação de deslocamento em ambientes hospitalares. ASHRAE J 2011; 53:86-88

71. Sadrizadeh S, Ekolind P. Um novo princípio de sistema de ventilação para salas de operações: Fluxo de ar com controlo de temperatura. Proc. 12º Congr. Mundial da REHVA. CLIMA Conf. 2016

72. Sadrizadeh S, Tammelin A, Nielsen P V, Holmberg S. Does a mobile laminar airflow screen reduce bacterial contamination in the operating room? Um estudo numérico utilizando a técnica de dinâmica de fluidos computacional. Patient Saf. Surg. 2014; 8:27

73. Sadrizadeh S, Holmberg S. Effect of a mobile LAF screen on particle distribution in an operating room (Efeito de um ecrã LAF móvel na distribuição de partículas num bloco operatório). Proc. 13th Int. Conf. Indoor Air Qual. Clim. 2014; 772-776

74. Friberg B, Lindgren M, Karlsson C, Bergstrom A, Friberg S. Ecrã LAF móvel zonado/exponencial: um novo conceito em tecnologia de ar ultra-limpo para ventilação adicional do bloco operatório. J Hosp Infect 2002; 50:286-92

75. Liu J, Wang H, Wen W. Simulação numérica de um fluxo de ar horizontal para o controlo de partículas transportadas pelo ar no bloco operatório de um hospital. Build. Environ. 2009; 44:2284-2289

76. Friberg B, Friberg S, Burman LG, Lundholm R, Ostensson R. Ineficiência da ventilação da sala de operações com deslocamento para cima. J Hosp Infect 1996; 33:263-72

77. Hwang R-L, Lin T-P, Cheng M-J, Chien J-H. Requisitos de conforto térmico do paciente para ambientes hospitalares em Taiwan. Build. Environ. 2007; 42:2980-2987

78. Memarzadeh F, Manning A. Conforto térmico, uniformidade e eficácia da ventilação em quartos de doentes: avaliação do desempenho utilizando índices de ventilação. Trans. Soc. ... 2000; 106:748-761

79. Verheyen J, Theys N, Allonsius L, Descamps F. Conforto térmico dos doentes: Medições objectivas e subjectivas nos quartos dos doentes de uma unidade de saúde belga. Build. Environ. 2011; 46:1195-1204

80. Khodakarami J, Nasrollahi N. Thermal comfort in hospitals - A literature review. Renovar. Sustain. Energy Rev. 2012; 16:4071-4077

81. Van Gaever R, Jacobs V a., Diltoer M, Peeters L, Vanlanduit S. Conforto térmico do pessoal cirúrgico no bloco operatório. Build. Environ. 2014; 81:37-41

82. Norma ANSI/ASHRAE 55. Condições ambientais térmicas para ocupação humana. 2008

83. Hensen, J. L. M. Sobre a interação térmica da estrutura do edifício e do sistema de aquecimento e ventilação. Dissertação de doutoramento. (Co-)promotor: Vorenkamp, J. & Clarke, J.A. Eindhoven: Universidade de Tecnologia de Eindhoven (FAGO). (ISBN 90-386-0081-X) 1991

84. ISO 7730:2005 - Ergonomia do ambiente térmico -- Determinação analítica e interpretação do conforto térmico através do cálculo dos índices PMV e PPD e de critérios locais de conforto térmico. 2005; 2005:

85. Fanger P. O. Conforto térmico. Análise e aplicações em engenharia ambiental. 1970;

86. Ho SH, Rosário L, Rahman MM. Análise tridimensional para o conforto térmico de salas de operações hospitalares e remoção de contaminantes. Appl. Therm. Eng. 2009; 29:2080-2092

87. Charles KE. Fanger's Thermal Comfort and Draught Models. Institute forResearch in Construction National Research Council of Canada, Ottawa, K1A0R6, Canada IRC Research Report RR-162, 2003.

88. Cena K, de Dear R. Estudo de campo do conforto dos ocupantes e dos ambientes térmicos dos escritórios num clima quente e árido. ASHRAE Trans. 1999; 105:204-217

89. de Dear R. Revisitando uma velha hipótese da perceção térmica humana: a aloestesia. Build. Res. Inf. 2011; 39:108-117

90. Sadrizadeh S, Holmberg S. Effect of a Mobile Ultra-clean Laminar Airflow unit on particle distribution in an operating room (Efeito de uma unidade móvel de fluxo de ar laminar ultra-limpo na distribuição de partículas num bloco operatório). Particuology 2014; 18:170-178

91. Sadrizadeh S, Holmberg S, Nielsen P V. Três sistemas distintos de vestuário cirúrgico numa sala de operações de mistura turbulenta equipada com um ecrã móvel de fluxo de ar laminar ultraclean: Uma avaliação numérica. Ciência e Tecnologia. Built Environ. 2016; DOI: 10.1080/23744731.2015.1113838

92. Sadrizadeh S, Holmberg S. Thermal comfort of the surgical staff in an operating room: a numerical study on laminar and mixing ventilation systems (Conforto térmico do pessoal cirúrgico num bloco operatório: um estudo numérico sobre sistemas de ventilação laminar e mista). Proc. 14th Int. Conf. Indoor Air Qual. Clim. 2016

93. Sadrizadeh S, Ljungqvist B, Reinmüller B, Holmberg S. Does release position of bacteria-carrying particles influence contaminant distribution in an operating room. Proc. Heal. Build. 2015 Eur. 2015

94. Sadrizadeh S, Loomans MGLC. Conforto térmico em hospitais e unidades de saúde - uma revisão da literatura. Proc. 9th Int. Conf. Indoor Air Qual. Vent. Conservação de Energia. Build. 2016

95. Sadrizadeh S, Holmberg S. Até que ponto é seguro negligenciar a radiação térmica na modelação de ambientes interiores com elevadas taxas de ventilação? Proc. 36th AIVC, 5th TightVent 3rdventicool Conf. 2015; 2015:1-5

96. Sadrizadeh S, Holmberg S. Posicionamento ótimo das grelhas de exaustão num bloco operatório com base no teste de recuperação: um estudo numérico. Proc. 35º AIVC, 4º Tightvent 2nd Vent. Conf. 2014

97. Sadrizadeh S, Nielsen P V. Simulação numérica do impacto da postura do cirurgião na distribuição de partículas numa sala de operações com mistura turbulenta. (Apresentado)

98. Sadrizadeh S, Holmberg S. Impacto da postura do pessoal na distribuição de partículas transportadas pelo ar num bloco operatório equipado com ventilação ultraclean-zoned. Proc. 36º AIVC, 5ª Conf. TightVent 3rdventicool. 2015

99. Sadrizadeh S, Holmberg S. Cross-infection in a hospital wardroom with individual return openings. Proc. Heal. Build. 2015 Eur. 2015

100. Sadrizadeh S, Nielsen P V. Modelação de gotículas de tosse numa enfermaria de hospital. Proc. 12º Congresso Mundial da REHVA. CLIMA Conf. 2016

101. Sadrizadeh S, Peng S-H. Análise de sensibilidade na simulação numérica do fluxo de ar em espaços interiores: Condições de fronteira. Proc. 14th Int. Conf. Indoor Air Qual. Clim. 2016

102. Sadrizadeh S, Holmberg S. Evaluation of various turbulence models for indoor airflow prediction: a comparison study with experimental data. Proc. 9th Int. Conf. Indoor Air Qual. Vent. Energy Conserv. Build. 2016;

103. Sadrizadeh S, Nielsen P V. Workshop sobre Como prever o fluxo de baixa turbulência. Proc. ISHVAC-COBEE 2015 9th Int. Symp. Aquecimento, Ventilação. Ar Cond. 3ª Conf. Build. Energy Environ. 2015;

104. Peng L, Nielsen P V, Wang X, Sadrizadeh S, Liu L, Li Y. Possible UserDependent CFD Predictions of Transitional Flow in Building Ventilation. Build. Environ. 2016; DOI: 10.1016/j.buildenv.2016.01.014

105. Sadrizadeh S, Ploskic A. On the boundary conditions of numerical particle simulation in indoor environment (Sobre as condições de fronteira da simulação numérica de partículas em ambientes interiores). Proc. 14th Int. Conf. Indoor Air Qual. Clim. 2016

106. Roache PJ. Perspetiva: A Method for Uniform Reporting of Grid Refinement Studies (Um Método para a Comunicação Uniforme de Estudos de Refinamento de Grelhas). J. Fluids Eng. 1994; 116:405

107. Yakhot V, Orszag S a., Thangam S, Gatski TB, Speziale CG. Desenvolvimento de modelos de turbulência para fluxos de cisalhamento por uma técnica de dupla expansão. Phys. Fluids A Fluid Dyn. 1992; 4:1510

108. Durbin P. Near-wall turbulence closure modeling without 'damping functions'. Theor. Comput. Fluid Dyn. 1991; 3:1-13

109. Chen Q. Comparação de diferentes modelos K -E para cálculos de fluxo de ar interno. Numer. Transf. de Calor. Parte B Fundam. 1995; 28:353-369

110. Zhang Z, Chen Q. Medições experimentais e simulações numéricas do transporte e distribuição de partículas em salas ventiladas. Atmos. Environ. 2006; 40:3396-3408

111. Riddle A, Carruthers D, Sharpe A, McHugh C, Stocker J. Comparações entre FLUENT e ADMS para modelação da dispersão atmosférica. Atmos. Environ. 2004; 38:1029-1038

112. Morsi S, Alexander AJ. An investigation of particle trajectories in two- phase flow systems. J. Fluid Mech. 1972; 55:193

113. Gao NP, Niu JL. Modelação da dispersão e deposição de partículas em ambientes interiores. Atmos. Environ. 2007; 41:3862-3876

114. Martin JE, Meiburg E. A acumulação e a dispersão de partículas pesadas em camadas de mistura bidimensionais forçadas. I. Os casos fundamental e sub-harmónico. Phys. Fluids 1994; 6:1116

115. Chen F, Yu SCM, Lai ACK. Modelação da distribuição e deposição de partículas em ambientes interiores com um novo modelo de fluxo de deriva. Atmos. Environ. 2006; 40:357-367

116. Zhang Z, Chen Q. Comparação dos métodos Euleriano e Lagrangiano para a previsão do transporte de partículas em espaços fechados. Atmos. Environ. 2007; 41:5236-5248

117. Zhao B, Zhang Y, Li X, Yang X, Huang D. Comparação da concentração e deposição de partículas de aerossol no interior de diferentes salas ventiladas através de um método numérico. Build. Environ. 2004; 39:1-8

118. Salas limpas e ambientes controlados associados - Parte 3: Métodos de ensaio (EN ISO 14644-3:2005) 2008-08-06.

119. Norma DIN 1946-4, Ventilação e ar condicionado - Parte 4: Sistemas VAC em edifícios e salas utilizados no sector da saúde. 2008

120. Zhao B, Yang C, Chen C, Feng C, Yang X, Sun L, et al. Quantas partículas transportadas pelo ar emitidas por uma enfermeira atingirão a zona de respiração/superfície corporal do doente em ambientes de proteção hospitalar de cama individual ISO Classe-5? Aerosol Sci. Technol. 2009; 43:990-1005

Printed by Books on Demand GmbH, Norderstedt / Germany